青少年编程与人工智能启蒙

入门级

AI 机器人制作
与图形化编程

吴韶波 郭振宇 张璜 / 主编

科学出版社

北 京

内 容 简 介

本书以一款简易机器人为载体，通过图形化编程引领初学者探索AI的基本概念与基础应用。

全书共5章，内容涵盖语音识别、语音合成、人脸识别、文字识别、图像识别、AI大模型与机器学习等，通过跌宕起伏的故事情节与生动案例，层层递进地讲解AI原理。读者可以跟随故事的发展，亲手搭建机器人结构，学习电子技术和编程知识，深入体验经典的基础AI应用场景。

本书适合青少年阅读，也可作为STEM教育、创客教育及青少年编程教育的教材。

图书在版编目（CIP）数据

入门级AI机器人制作与图形化编程 / 吴韶波，郭振宇，张璜主编. -- 北京：科学出版社，2025. 1. （青少年编程与人工智能启蒙）. -- ISBN 978-7-03-080246-0

Ⅰ. TP242.6-49

中国国家版本馆CIP数据核字第20240U6Q73号

责任编辑：喻永光　杨　凯/责任制作：魏　谨
责任印制：肖　兴/封面设计：武　帅

科学出版社 出版
北京东黄城根北街16号
邮政编码：100717
http://www.sciencep.com

北京中科印刷有限公司印刷
科学出版社发行　各地新华书店经销

*

2025年1月第 一 版　　　开本：787×1092　1/16
2025年1月第一次印刷　　　印张：11
字数：220 000
定价：68.00元
（如有印装质量问题，我社负责调换）

目　录

第4章 大追击！探寻图像秘密之旅

第5章 进击！打造更智能的格瑞比

第 1 章　呼唤！
机器王国的超能格瑞比

1.1　机器起源

🦉 机器人的起源与发展

　　机器人源于人类的想象力，但在一开始，机器人并不包含电路。早在古希腊时期，一位名叫阿基塔斯（Archytas）的工匠就制造出了一只让人瞠目结舌的机械飞鸽（图 1.1）。这只机械飞鸽能够在空中短暂地飞翔，犹如真正的鸟儿。这可以说是人类对机器人的最早尝试，尽管不具备智能，但它的出现让人们领略到了机械的魅力。

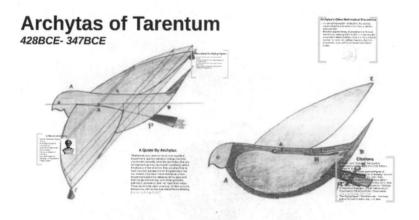

图 1.1　阿基塔斯的飞鸽

真正意义上的机器人概念，起源于 20 世纪。1921 年，捷克作家卡雷尔·恰佩克（Karel Čapek）在其戏剧《罗梭的万能工人》（图 1.2）中首次使用了"机器人"一词。这个词来自捷克语中的"robota"，意为"劳动"，暗示了机器人的本质——执行人类劳动的机械装置。

图 1.2　《罗梭的万能工人》中含机器人的一幕

随着科技的进步，机器人以更加复杂和智能的形态出现。20 世纪 50 年代，艾萨克·阿西莫夫（Isaac Asimov）提出了著名的"机器人三定律"（图 1.3），规范了人类与机器人的关系，为机器人的发展指明了方向。

1. 机器人不得伤害人类，或看到人类受到伤害而袖手旁观。

2. 机器人必须服从人类的命令，除非这条命令与第 1 条相矛盾。

3. 机器人必须保护自己，除非这种保护与以上两条相矛盾。

如今，机器人已渗透到我们生活的各个方面。从智能家居中的语音助手到工

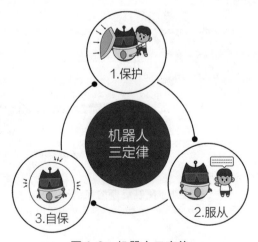

图 1.3　机器人三定律

业生产线上的自动化机器人，它们已成为我们日常生活和工作的重要伙伴。总的来说，机器人的诞生源于人类的想象力，经历了漫长的发展历程。它们带来了极大的便利和可能性，也引发了人们对科技与道德伦理的思考。

机器人的 AI 赋能

谈到机器人的发展，就不得不提及人工智能（artificial intelligence，AI）的巨大贡献。AI 技术（图 1.4）为机器人注入了更强大的智能与学习能力，使其能够更好地适应不断变化的环境和需求，为我们带来了许多令人期待的应用场景。

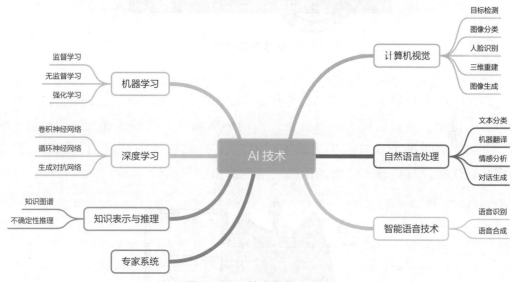

图 1.4　AI 技术的部分分支

首先，AI 可以在各个领域发挥重要作用。例如，移动终端上的智能助理能够理解和执行用户的语音命令或文本输入，帮助用户完成各种任务，如发送消息、设置提醒、查询信息、播放音乐、预订服务等（图 1.5）；又如智能辅助驾驶技术，利用传感器（如毫米波雷达、摄像头、激光雷达等）和 AI 算法感知周围环境，识别道路标志、车辆和行人，并做出决策以控制车辆行驶（图 1.6）。

图 1.5　智能助理

图 1.6 智能辅助驾驶技术

其次，随着机器人技术与 AI 技术的进步，我们可以期待更加智能和人性化的机器人出现。这些机器人将具备更强大的感知能力，能够理解人类的语言与情感，并以更自然的方式与人类交流（图 1.7）。这将极大改变我们与机器人互动的方式，使我们与机器人合作的体验变得更加愉快和高效。

图 1.7 生成式对话机器人

1.2 机器内核

在现代的机器王国中，印制电路板（printed circuit board，PCB）扮演着不可或缺的角色。如图 1.8 所示，PCB 就像一座微缩的电子都市，通过复杂且有序的电路，承载电子元件之间的联系和信息传递。众多传感器和

图1.8 印制电路板

执行器就像这座电子都市里的建筑，在整个机器王国中发挥着独特的作用。

这个微缩电子都市的核心是芯片，它用于处理和储存信息、控制电路和执行各种功能，通常是用于集成和封装电子元件的薄片状硅片。芯片上承载着可执行特定功能的集成电路（integrated circuit，IC），是电子元件（如晶体管、电阻和电容）高度集成化的体现。

芯片与集成电路（图1.9）是现代机器王国的智能控制中心，为整个系统提供智能

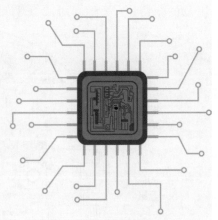

图1.9 芯片与集成电路

化的控制和决策能力。它们的发展推动了电子技术的进步，使得设备更小、更快、更节能、更强大。通过PCB上的精巧连接，电子元件与芯片组成高效运转的电子系统，使机器和设备能够实现特定的功能。

🦉 物料准备

在本书中，我们将使用"葡萄板"（图1.10）作为编程主控板，制作一个名为"格瑞比"的"超能机器人"。

葡萄板的主控芯片为EPS32-C3，支持5V（Type-C USB）或3.7 ~ 4.2V（锂电池）供电，板载资源包括可编程按键（2个）、RGB LED（4个）、无源蜂鸣器、三轴加速度计、可编程IO接口（2个）、2.4G Wi-Fi/蓝牙模块、两路电机控制接口、Jacdac接口（图1.11）。

葡萄板支持多种编程方式，除了图形化编程工具Kittenblock，还兼容Python

图 1.10　葡萄板

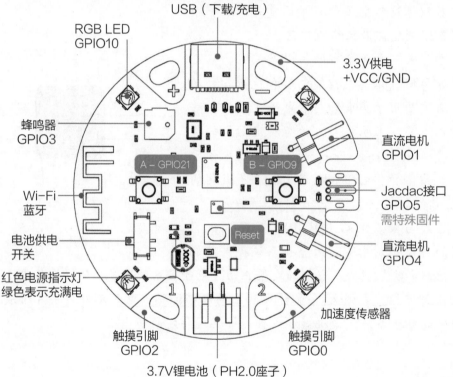

图 1.11　葡萄板的板载资源

及 DeviceScript 编程语言。在本书中，所有案例将基于 Kittenblock 展开。为了确保格瑞比系统的完整运行，用户需要准备一台能够连接互联网的计算机，同时配备麦克风、音箱和摄像头等外部设备（笔记本电脑通常配备了这些外设，无须额外准备），如图 1.12 所示。请注意，如果无法连接互联网或缺少相关外设，将无法使用 AI 功能。

图1.12 格瑞比编程准备

🦉 使用 Kittenblock 编程

Kittenblock是基于图形化编程工具Scratch的"开源硬件＋人工智能"编程平台，其主界面如图 1.13 所示。

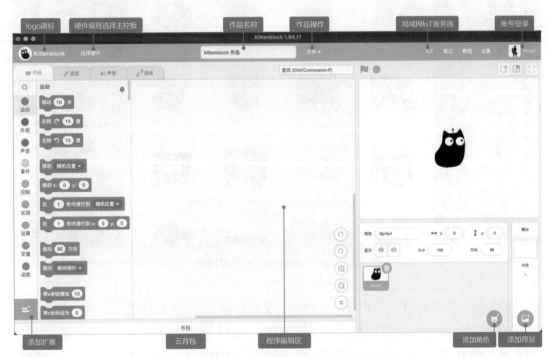

图 1.13 Kittenblock 主界面

在本书中，我们将使用 Kittenblock 网页版来完成格瑞比的编程。编程环境配置的基本步骤如下。

第1步 利用Type-C数据线,将葡萄板接至计算机的USB接口,如图1.14所示。

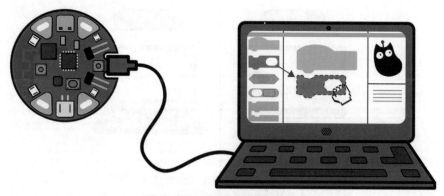

图 1.14　葡萄板连接计算机

第 2 步　单击 Kittenblock 主界面左上角的"选择硬件"，在弹出的选择框中单击"葡萄板"即加载使用，如图 1.15 所示。

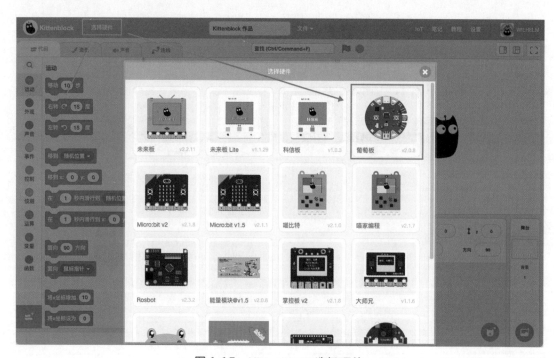

图 1.15　Kittenblock 选择硬件

第 3 步　选定硬件后，单击左上角的"没有连接"，如图 1.16 所示。这里选择"数据线连接"，单击对应设备的"连接"按钮，完成连接。

通常情况下，完成硬件连接后，Kittenblock 便会提示"正在开启交互模式"。稍等片刻，如图 1.17 所示，弹出"交互模式已打开"提示后，即可使用交互模式进行编程。

使用交互模式编程有两个优势：让硬件作为舞台作品的现实世界延展；为复杂的硬件编程项目提供便捷调试。

图 1.16 Kittenblock 硬件连接

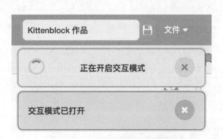

图 1.17 交互模式提示

例如，在 Kittenblock 上创建以下程序并运行时，可以通过按下或释放葡萄板的 A 按键，来控制舞台上"小喵"的显示或隐藏（图 1.18）。

或者，组建一个循环执行的程序，让舞台上的"小喵"实时说出葡萄板的俯仰角数值（图 1.19）。另外，也可以拖曳出对应的积木，单击后获取此刻的俯仰角数值。

此外，还可以借助 Kittenblock 的人工智能插件（图 1.20），对计算机外设采集到的信息进行处理，并将处理结果作为葡萄板的控制信号，通过软硬件交互实现格瑞比的 AI 赋能！

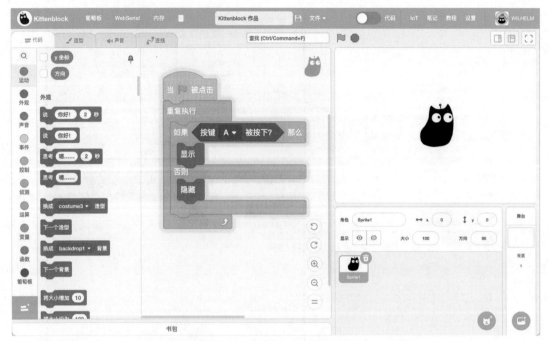

图 1.18　交互模式下的舞台控制

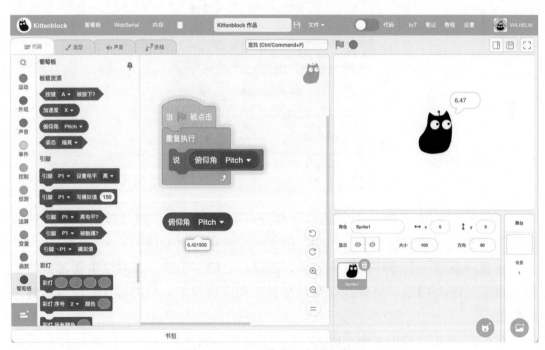

图 1.19　交互模式下的数值获取

图1.20　Kittenblock人工智能插件

1.3　外观构型

🐱　项目规划和分析

从"入门级AI机器人"出发，本着易制作、易编程且不失趣味性的原则，我们来构思格瑞比的造型。

（1）需求分析：格瑞比的外形分为头部和身躯两部分，实现摇头点头、身躯振动，适配安装葡萄板和舵机及电机的空间。

（2）尺寸规划：测量葡萄板、舵机、电机、零件尺寸，掌握尺寸比例。

（3）草图方案：根据测量尺寸，绘制草图（图1.21）。

（4）材料选择：3mm厚椴木板，螺钉螺母等紧固件。

（5）组装方式：榫卯连接，螺钉固定。

根据草图，绘图的基本思路如下。

· 身躯部分：以圆形、矩形结构为主，留出舵机和电机的位置，主结构采用榫卯拼插固定方式。

图 1.21 格瑞比的外观造型

· 头部：以矩形框架作为支撑和舵机座，脸部连接做成活动结构，采用榫卯＋螺钉的固定方式。

🦉 实例绘制

我们采用 AutoCAD 绘图，以便后续采用激光切割设备加工零部件。

CAD 主界面如图 1.22 所示，主要步骤如下。

绘制舵机安装板

身躯部分由两片圆板（舵机安装板和电机安装板）和两片围板构成，先绘制圆形。

第 1 步 如图 1.23 所示，在工具栏单击选择圆形工具，在绘图区单击绘制，输入半径 43mm 并按空格键确认，绘制圆形。

第 2 步 预留舵机安装位，如图 1.24 所示。单击选择矩形工具，在绘图区单击鼠标左键，向右拖，输入长度 22.5mm，再按 Tab 键输入高度 12.4mm，按回车键确认，绘制矩形。然后，在右侧绘制高 10mm、宽 6mm 的矩形，作为穿线孔。

第 3 步 在大矩形左边框的中心位置，绘制半径 1.2mm 的小圆，并向左移动 2.75mm。然后，选中小圆，点击镜像工具，以大矩形上下边长的中心为基点，将小圆镜像到大矩形右侧。

第 4 步 在大矩形右边框的中心位置，绘制高 3.5mm、宽 1.1mm 的矩形，以连接小圆。框选小圆、小矩形和大矩形右边框，选择修剪工具，剪掉相切的部分，便得到了舵机安装位。

第 5 步 选择矩形工具，在大圆形左侧内部绘制边长 3mm 的正方形。接着，选择圆角工具，输入半径 1mm，对四角做圆角处理。之后，镜像到右边。

第 6 步 采用同样的方式，在大圆内部上方绘制两个长 6mm、宽 3mm 的矩

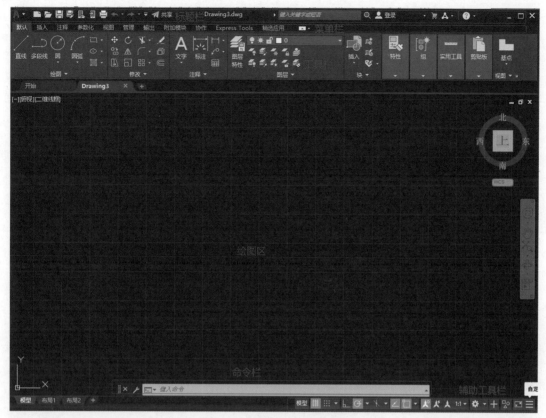

图 1.22 AutoCAD 主界面

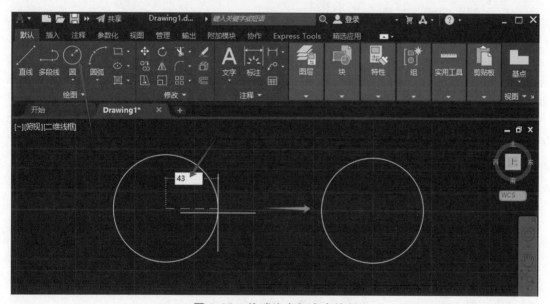

图 1.23 格瑞比身躯底座绘制

形,并设半径 1.5mm 的圆角,再镜像到底部,作为围板拼接孔。注意,宽度设置为 3mm 是为了适配板材厚度。

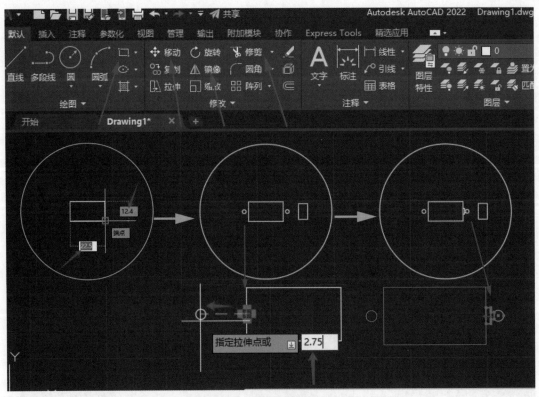

图 1.24 舵机安装板的绘制

这样就完成了舵机安装板的绘制。

绘制电机安装板

接下来如图 1.25 所示，将整个图形复制到右边，删除中间的图形，在上方绘制长 26mm、宽 16mm 的矩形，作为电机安装位。在此，将矩形线改变为红色，以便激光切割加工时不切透。

绘制围板

第 1 步 如图 1.26 所示，选择直线工具，在绘图区域绘制一条长 108mm 的水平线段。然后，依次绘制长 13mm、3mm 和 20mm 的垂直线段。13mm 长线段与 3mm 长线段横向间隔 2mm，3mm 长线段与 20mm 长线段垂直间隔 2mm。

第 2 步 选中 13mm 长和 3mm 长的垂直线段，点击矩形阵列工具，设置列数 27，间隔 4mm，行数 1，进行阵列。

第 3 步 在阵列线段的起点左侧对齐位置，绘制一个长 36mm、宽 6mm 的矩形，并设置半径 1.5mm 的圆角。接着，将该矩形向上移动 3mm。

第 4 步 选中阵列好的线段，输入"X"并确认打散编组，然后框选 13mm 长和 3mm 长的线段进行镜像。

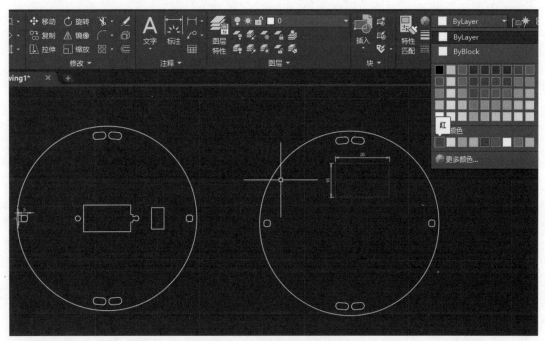

图 1.25 电机安装板的绘制

第 5 步 在上下边中央绘制一个 3mm × 3mm 的小矩形，设置上方两个角的圆角半径为 1mm，并镜像复制至下方。然后用修剪工具，修剪掉矩形与线段的交叉部分，完成底座围板绘制。

最后全选并复制，得到两块围板。

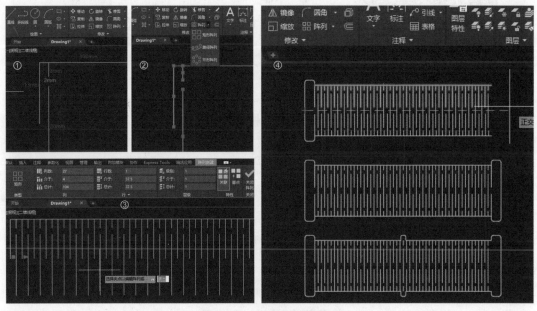

图 1.26 底座围板的绘制

1.4 格瑞比制作大挑战

🦉 制作一个灵活的脖子！

精准控制：舵机驱动

舵机是一种能够精确控制旋转角度的执行机构，广泛应用于自动化设备和控制系统中。格瑞比使用的 SG90 型 9g 微型舵机如图 1.27 所示，工作电压为 4.5 ～ 6V。这款舵机结构紧凑，支持 0 ～ 180° 旋转，且配有三种舵盘，方便与多种机械结构集成。

以 SG90 为例，舵机的内部主要由直流电机、减速齿轮组、传感器和控制板组成，如图 1.28 所示。控制板上引出的三条引线分别用于接地、供电和信号传输，对应的颜色依次为黑色（或棕色）、红色和橙色（或黄色）。

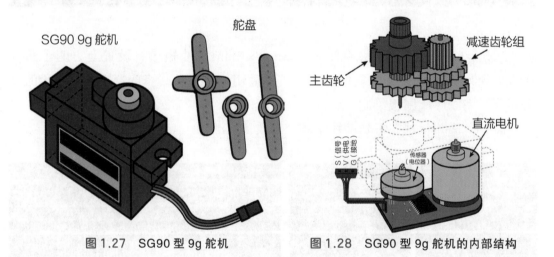

图 1.27　SG90 型 9g 舵机　　图 1.28　SG90 型 9g 舵机的内部结构

直流电机负责提供驱动力，而传感器和控制电路协同作用，以实现对旋转角度的精确控制。舵机控制原理如图 1.29 所示，主控板发出对应旋转角度的 PWM（脉冲宽度调制）信号至舵机控制板，舵机控制板根据传感器反馈的位置信号判断当前角度，令直流电机驱动减速齿轮组转动，直到达到目标角度。

转头与点头

葡萄板具备驱动两个 SG90 型舵机的功能，正好可以支撑转头和点头两个自由度的动作。

首先，按照图 1.30 将葡萄板与扩展模块组装起来。使用扩展模块是为了方便舵机接线。接着，按图 1.31 完成两个 SG90 型舵机的接线：接 Port1 口的舵机 1 用于点头；接 Port2 口的舵机 2 用于摇头。

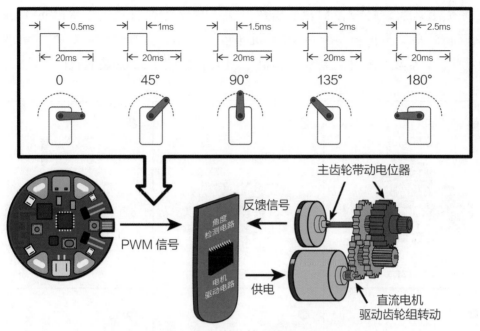

图 1.29 舵机控制原理

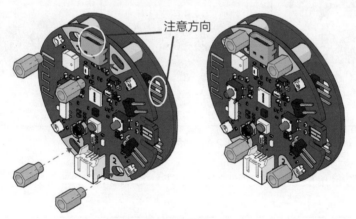

图 1.30 扩展模块固定

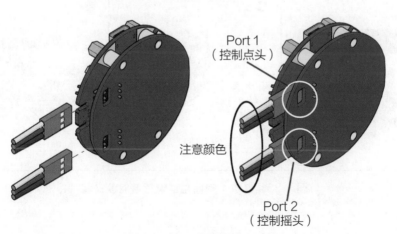

图 1.31 舵机接线

完成组装后，打开葡萄板的电源开关，并将葡萄板连接至 Kittenblock。开启交互模式后，拖曳出"蓝色 9g 舵机角度"积木，选择"P2"，并将角度设为 100。此时，单击该积木，舵机 2 旋转。接着，按图 1.32 安装舵盘。

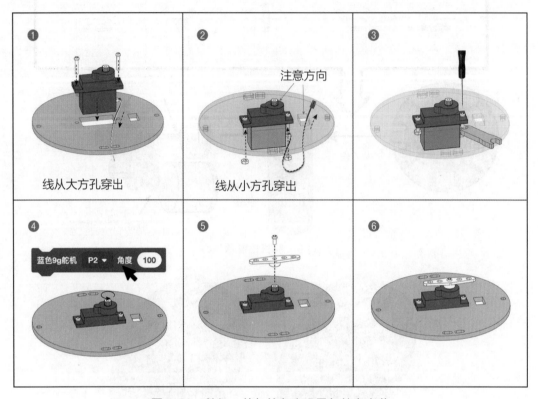

图 1.32　舵机 2 的初始角度设置与舵盘安装

舵机 1 的初始角度设置与舵盘安装如图 1.33 所示。

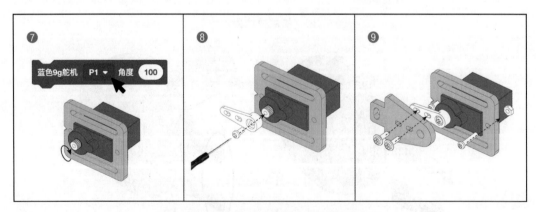

图 1.33　舵机 1 初始角度设置与舵盘安装

注意事项

　　编写舵机控制程序时，应尽量避免设置 0° 或 180° 等极限角度。这是因为 SG90 这类舵机出于生产成本的限制，旋转角度的一致性和精确度可能不佳，当其旋转至极限角度时往往会出现抖动现象（图 1.34），这会显著影响系统的稳定性和控制精度。

图 1.34　舵机旋转至极限位置时开始抖动

　　使用舵机，必须确保负载不超最大扭矩。这很好判断：如果对舵盘施加外力后，舵机持续吱吱叫并抖动，则表明舵机已超载（图 1.35）。这时应减小负载或换用扭矩更大的舵机。

图 1.35　舵机超载引发的抖动

　　设置舵机旋转角度时，还须确保所设角度在舵机最大旋转角度以内，避免舵机堵转（图 1.36）。这是舵机损坏的主要原因之一。

图 1.36　舵机堵转

剩余结构组装

　　底座、摆动结构、脸部的组装如图 1.37 ～ 图 1.39 所示，整体效果如图 1.40 所示。

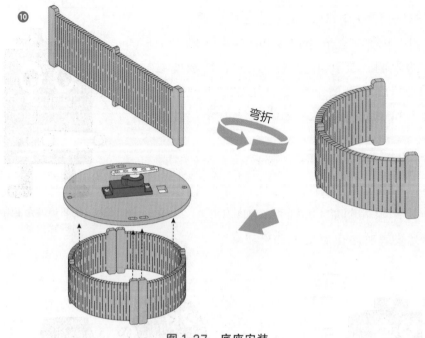

图 1.37　底座安装

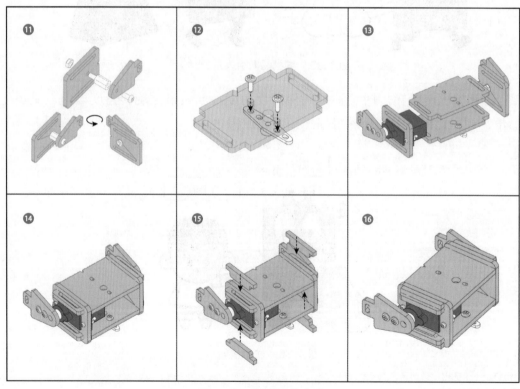

图 1.38　摆动结构安装

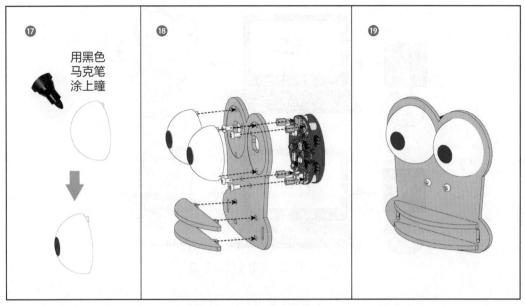

图 1.39 脸部安装

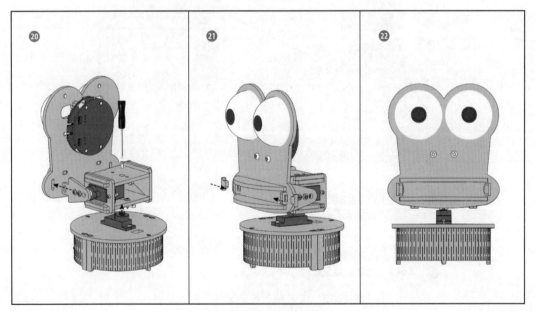

图 1.40 整体效果

编程控制

编写程序：按 Y 键，舵机 1 在 100° 的基础上增减 10°，重复这一过程 3 次，机器人点点头；按 N 键，舵机 2 在 100° 的基础上增减 10°，重复这一过程 3 次，机器人摇摇头，如图 1.41 所示。

在"事件"中找到"当按下空格键"积木，拖曳到编程区，单击下拉菜单并选择"y"和"n"（图 1.42）。该积木的作用可以理解为，键盘上的 Y 键或 N 键被按下，即触发该积木下的对应程序。

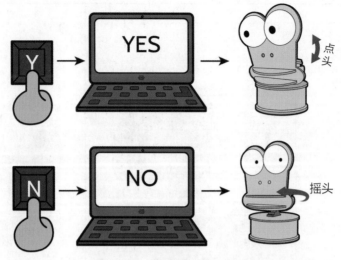

图 1.41　点头摇头控制效果

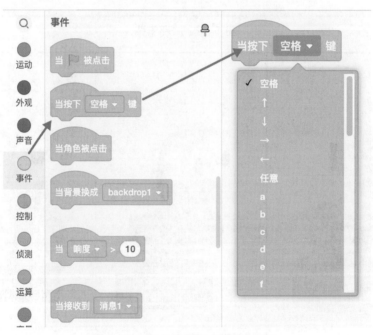

图 1.42　键盘输入的"事件"积木

　　接着，在"控制"中找到"重复执行 10 次"及"等待 1 秒"积木（图 1.43），用于点头摇头的动作次数，以及每次点头摇头的动作频率控制。

　　完整的点头摇头控制程序如图 1.44 所示。按下 Y 键或 N 键后，对应的舵机在 110° 和 90° 之间摆动 3 次，然后回到 100° 的位置。为了使舵机的转动动作完整执行，需在两次摆动之间增加延时，避免还没有转到指定位置，就执行下一条转动指令。

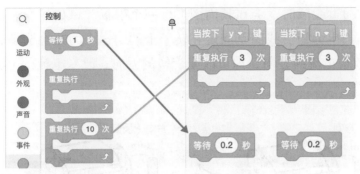

图 1.43　"重复执行10次"及"等待1秒"

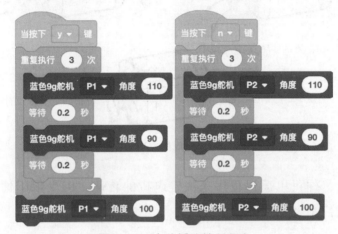

图 1.44　点头摇头控制程序

偏心结构：让格瑞比抖起来！

动力之源：电机

　　电机是一种能够连续旋转并输出动力的装置。格瑞比使用的是小型直流电机，俗称"马达"，在玩具中极为常见。其主要由定子（主要为永磁体）、转子（由铁芯、线圈和整流子组成）和碳刷构成，如图1.45所示。线圈通常由漆包铜线缠绕而成，永磁体则牢固地固定在电机壳体的内部。

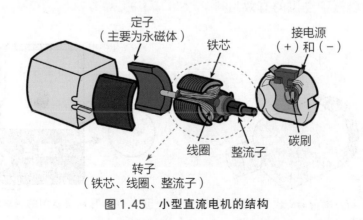

图 1.45　小型直流电机的结构

直流电流通过线圈时，会在其周围产生一个磁场。该磁场与永磁体的磁场相互作用，从而产生力矩。线圈是固定在转子上的，这个力矩会驱动转子旋转。如图 1.46 所示改变电流的方向，即可改变旋转的方向；改变电流的大小，即可改变电机的转速。

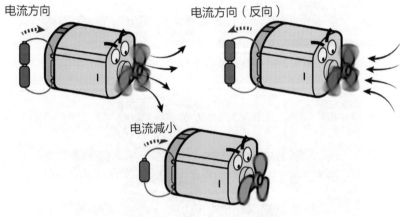

图 1.46　通过电流控制电机

在葡萄板上，你可以通过程序来决定电机的转速，但受限于葡萄板电机口的特性，无法直接控制电机反转。

振动反馈

除了摇头与点头，格瑞比还能够模拟颤抖。这主要是通过偏心结构实现的。

偏心结构是一种将不对称的质量组件——偏心质量安装在电机旋转轴上的设计。而偏心质量是指在机械系统中，相对于旋转轴或中心位置而言，质量分布不均匀或不对称的质量元件。当转轴高速旋转时，偏心质量会不断改变系统的重心位置，从而产生往复振动。图 1.47 展示了一个配备偏心质量的直流电机。

基于该原理，应用于手机、手持游戏机等移动设备中的振动电机能够产生规律振动，从而为用户提供振动反馈，如图 1.48 所示。你使用这些设备时感受到的振动，正是源自振动电机的有效运行。

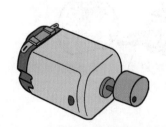

图 1.47　配备偏心质量的直流电机　　图 1.48　移动设备中的振动电机

现在，给格瑞比安装电机及偏心结构，如图 1.49 所示。

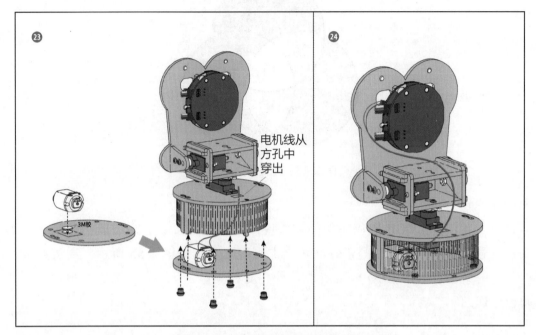

图 1.49 格瑞比振动电机的安装

安装完成后，尝试编写程序，实现短暂振动效果，如图 1.50 所示。点击舞台上的绿旗后，电机启动，以 50% 的速度转动；然后保持 0.5 秒，产生持续振动效果；最后，电机停止转动，振动也随之停止。完整程序如图 1.51 所示。

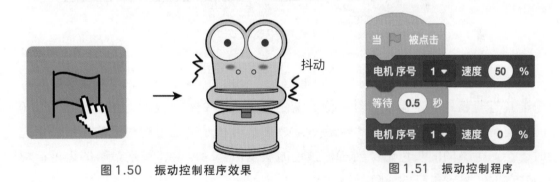

图 1.50 振动控制程序效果

图 1.51 振动控制程序

🦉 格瑞比的发光机制

RGB 颜色模型

RGB 颜色模型是彩灯颜色调整中常用的一种色彩模型，通过调节和组合红（red）、绿（green）、蓝（blue）三种基本颜色，几乎可以混合出所有颜色。如图 1.52 所示，当红、绿、蓝三种颜色以相同强度叠加时，就得到了白色——与黑色和灰色同属无色系。

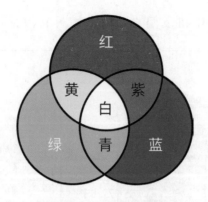

图 1.52　RGB 灯光模型

RGB LED

RGB LED 是 RGB 颜色模型的典型应用，通过混合红、绿、蓝三色光源，生成各种彩色光——其亮度等于各颜色光源亮度之和，如图 1.53 所示。通过调节三种颜色的组合，RGB LED 可以实现多种亮度和颜色，呈现丰富多彩的视觉效果。

调色原理

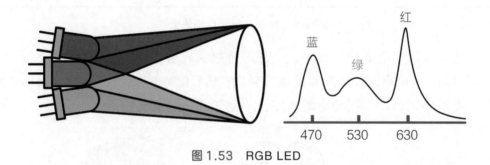

图 1.53　RGB LED

通过调整 RGB LED 中每个颜色通道的亮度值（0 ~ 255），我们能够针对每个通道进行精细亮度调节。红、绿、蓝三通道各有 256 个亮度等级，亮度值为 0 时没有亮度，而亮度值为 255 时最亮，如图 1.54 所示。当三种颜色的亮度值相同时，会产生不同的灰色调：当三种颜色的灰度值都为 0 时，呈现最暗的黑色；均为 255 时，呈现最亮的白色。

具体来说，LED 调色是通过调整 PWM 信号的占空比来实现的，如图 1.55 所示。当控制 LED 某通道的 PWM 信号占空比为 0 时，该通道颜色的亮度值为 0；PWM 信号占空比为 100% 时，对应的亮度值为 255。这样调节亮度值，我们能够生成各种中间亮度的色彩。

借助 Kittenblock，可以灵活控制每个颜色通道的亮度值，从而得到期望的彩灯颜色。你可以根据喜好混合红、绿、蓝三种颜色，创造出独特的灯效。尝试拖曳图 1.56 所示的积木，调节颜色亮度值后单击积木，观察格瑞比眼睛的变化。

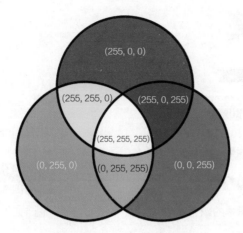

图 1.54　LED 调色原理

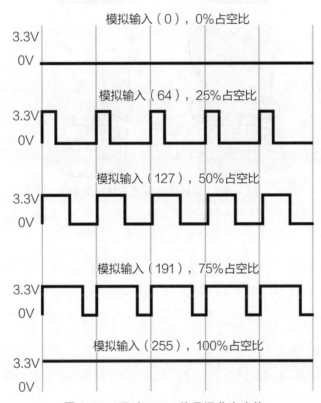

图 1.55　通过 PWM 信号调节亮度值

　　根据格瑞比的构型，1 号和 4 号彩灯分别对应左眼和右眼，如图 1.57 所示。在后续的编程中，脸部的主要灯效也集中体现在这两个彩灯上。此外，木板具有一定的透光性，当 2 号和 3 号彩灯发出强烈的红光时，正好能够产生腮红效果，让格瑞比看起来更生动，如图 1.58 所示。

图 1.56　彩灯控制积木的颜色调节

图 1.57　彩灯 1 ~ 4 号

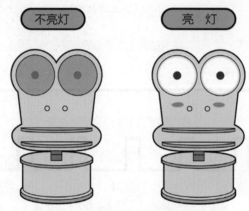

图 1.58　格瑞比亮眼及腮红的效果

第 **2** 章　出击！AI 世界大冒险

2.1　摄像头：格瑞比的 AI 赋能

　　在数字化时代，AI 正以惊人的速度改变着我们的生活，其中视觉识别是一个重要且庞大的技术分支。计算机系统通过模仿人类的视觉系统，并结合大量的图像或视频数据，来理解和解释视觉信息（图 2.1）。最终目标是使计算机能够像人类一样感知视觉输入，识别图像中的对象、场景和文字等信息，并据此做出相应的反应或决策。这一过程使计算机能够执行多种任务，如图像分类、目标检测和人脸识别等。

　　视觉识别的发展离不开深度学习和神经网络等技术的进步。通过这些技术，计算机可以从图像数据中提取特征（图 2.2），进行准确的分类和识别，

图 2.1　AI 视觉识别

图 2.2 视觉识别的特征提取

从而具备自主学习和推理的能力。视觉识别技术在多个领域都有着广泛应用：在交通领域，该技术能为智能驾驶系统提供支持，实现车辆自动驾驶和交通监控；在安防领域，它可用于人脸识别和行为分析，显著提升安全防范能力。此外，视觉识别也广泛应用于智能家居、机器人及文化娱乐等领域，为人们的生活带来了便利与乐趣。

在本章，我们将以人脸识别相关的人工智能应用为切入点，深入体验计算机视觉识别技术，并简要了解其背后的原理。

挥挥手，召唤超能格瑞比！

在视觉识别技术的应用中，无论是机器还是人类，首先都需要完成画面的捕捉。而这依赖于摄像头。由于葡萄板本身不配备摄像头，我们用计算机的摄像头充当格瑞比的双眼，捕捉现实世界的图像，从而实现视觉识别。

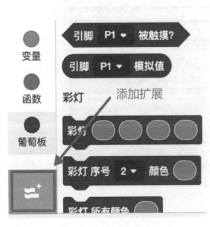

图 2.3 添加扩展

编写与视觉识别相关的程序之前，要先调用摄像头。在 Kittenblock 的左下角，找到并单击"添加扩展"按钮，如图 2.3 所示。

然后，在"添加扩展"界面中，找到并单击"角色扩展"下的"视频侦测"卡片，以加载"视频侦测"插件（图 2.4）。该界面中还有其他各种功能的插件，如需加载其他插件，请参照此步骤。

"视频侦测"是计算机利用摄像头检测和响应不同的视频输入，实现视觉识别功能所必需的插件。简单来说，视频侦测就是通过截取当前视

图 2.4 "视频侦测"插件

频画面，并与前几帧进行对比，以检测画面的变化，从而进行反馈，如图 2.5 所示。

完成插件的添加后，我们调用计算机的摄像头，这是实现视觉识别功能的第一步。在"视频侦测"积木栏中，拖动并单击"将视频开启"积木（图 2.6），该积木可控制摄像头的开启、关闭及镜像。

摄像头调用成功后，舞台上将实时显示摄像头画面，如图 2.7 所示。为了让舞台看起来更整洁，也可以选择隐藏角色。

接下来，让我们开始创作第一个视觉识别程序：通过在镜头前挥手来唤醒格瑞比。找到"当动作 > 10"积木，用于动作检测：数值代表触发阈值，数值越小，触发灵敏度越高，如图 2.8 所示。

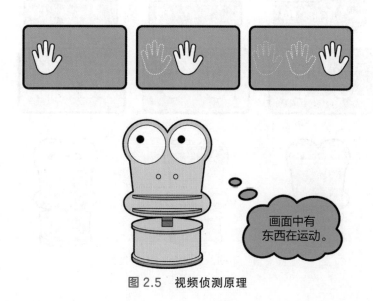

图 2.5 视频侦测原理

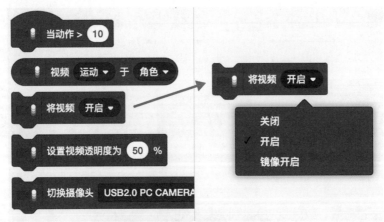

图 2.6　开启摄像头的积木

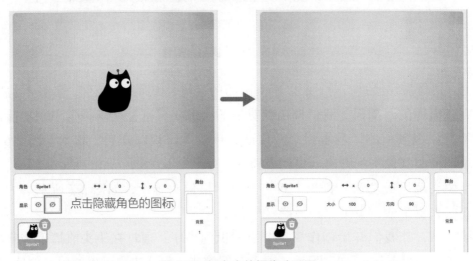

图 2.7　舞台中的摄像头画面

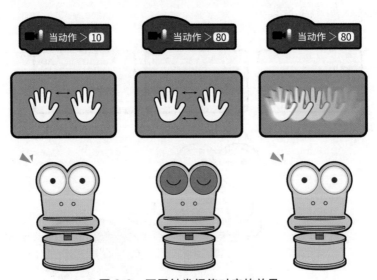

图 2.8　不同触发阈值对应的效果

　　此积木属于事件类积木，功能类似于"当绿旗被点击"，用于控制程序的执行流程，如图 2.9 所示。这类外观相似的积木能响应特定的事件或条件，无须放置在主程序中，这有利于提高程序的灵活性，实现多线程效果，即同时处理多个事件或任务。

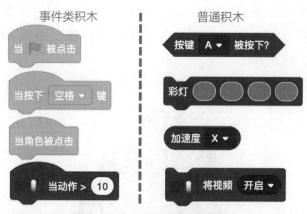

图 2.9　事件类积木与普通积木

　　了解积木的使用后，现在可以实现一个简单的效果：将葡萄板连接到 Kittenblock，开启计算机的摄像头；当摄像头检测到较大幅度的动作时，格瑞比的眼睛会发白光，并短促颤抖。

　　完成程序编写后，点击绿旗运行程序（图 2.10），在摄像头前挥手，尝试调整动作幅度以观察效果！

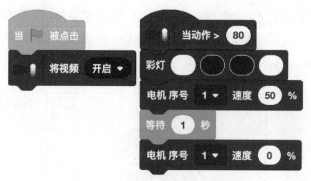

图 2.10　挥手唤醒格瑞比的程序

2.2　格瑞比的进化之路

人脸侦测是计算机视觉领域的一项关键技术，通常被视为人脸相关应用的基础。其主要任务是在图像或视频中准确识别人脸及其位置，并输出相应的人脸边界框。在人脸侦测的基础上，可以进一步发展人脸数量判断等功能，如图 2.11 所示。

图 2.11　人脸侦测与人脸数量判断

在实际应用中，仅仅侦测出人脸常常不足以满足需求。因此，持续跟踪这些人脸在连续图像或视频帧中的位置和动态行为变得尤为重要，如进行人脸追焦。于是，人脸追踪技术应运而生。该技术利用人脸侦测提供的初始位置信息，通过预测和匹配算法，精确地跟踪人脸在连续帧中的位置变化和姿态变化，如图 2.12 所示。

图 2.12　人脸追踪技术

当我们讨论人脸侦测与人脸追踪时，关注的通常是图像或视频中的整个人脸。然而，要深入分析人脸的表情、姿态或其他细节时，仅追踪整个人脸的位置还不够充分。这时，我们需要引入人脸关键点检测技术，如图2.13所示。

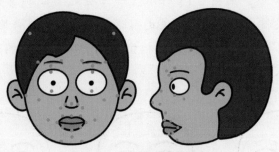

图 2.13　人脸关键点检测

与简单追踪整个人脸不同，人脸关键点检测更加关注人脸的具体特征点。该技术能够精准识别并定位眉毛、眼睛、鼻子和嘴巴等关键部位，为我们提供详细的几何信息和表情变化。这一技术为后续的人脸识别、表情分析、人脸建模及其他高级应用奠定了基础。

说到人脸关键点检测，就不得不提经典的主动形状模型（active shape model，ASM）。该模型由库茨（Cootes）于1995年提出，通过形状模型对目标物体进行抽象。ASM算法主要分为以下两个步骤。

（1）训练：通过人工标定大量训练样本的人脸关键点，形成关键点特征向量，从而获得形状模型（图2.14）。这一步的目的是让算法"学习"人脸关键点的基本位置和形状信息。

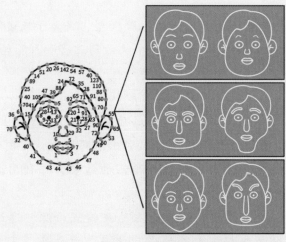

图 2.14　通过人工标定获取形状模型

（2）搜索：首先选定一个初始形状模型，这个形状可以是随机生成的，亦可基于人脸的平均形状或某个典型人脸形状。接着，针对该形状模型中的每个关键点，通过算法在其附近区域提取局部特征，并在输入图像中找到与每个关键点局部特征相匹配的位置（一般通过计算局部特征间的相似度，如距离来实现），如图 2.15 所示。一旦确定了匹配位置，算法便更新形状模型中对应关键点的位置，重复进行这一过程，直到满足某个停止条件。在每次迭代中，算法依据当前的形状模型和局部特征信息调整关键点位置，从而逐步逼近输入图像中的真实关键点位置。

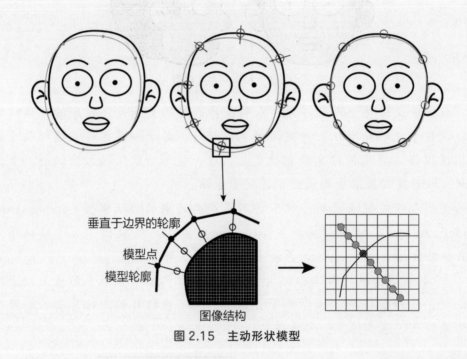

图 2.15 主动形状模型

简而言之，就是用一张标定好的人脸模型，将鼻子或者眼睛对正到要识别的人脸样本上，然后慢慢修正，将模型收敛到五官和人脸轮廓上，如图 2.16 所示。

基于人脸关键点检测，可以反馈人脸状态，如表情、头部姿态及眼睛注视方向等。例如，通过分析眼睛关键点的位置和形状，推断出人的注视方向；通过分析嘴巴关键点的位置和形状，识别出不同的表情（图 2.17）。因此，人脸状态反馈往往依赖于人脸关键点检测的结果，并利用这些关键点提供的信息提取和分析人脸的当前状态。

综上所述，人脸状态反馈依托于人脸关键点检测，通过关键点提供的位置及形状信息分析和识别人脸的当前状态。近年来，基于人脸追踪和关键点检测技术，兴起了自动美颜、趣味特效及 AI 换脸等应用（图 2.18）。这些应用通过对关键点的定位和分析，实现自动美颜、面部瘦身、化妆效果、趣味特效、AI 换脸等功能。

此外，人脸追踪和关键点检测技术在游戏和影视领域也得到广泛应用，为创造更加真实、引人入胜的互动体验提供了强大支持。通过捕捉演员的真实面部动作并映射到数字角色上，使得角色的表情更加自然（图 2.19）。

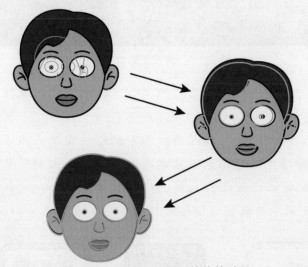

图 2.16 主动形状模型的收敛过程

开心   生气   惊讶

图 2.17 人脸关键点检测的基本应用

美颜   特效   AI 换脸

图 2.18 自动美颜、趣味特效、AI 换脸

图 2.19　演员面部动作捕捉

这种技术使电影制作人员能够在后期制作中微调角色的表演，进而增强影片的视觉效果。

　　人脸的细节和几何结构的精确数据不仅能够实现上述多种功能应用，而且是当前重要的生物特征识别技术之一——人脸识别的基础。在数字化时代，人脸识别技术已深深融入我们的日常生活，如手机解锁、门禁系统及支付等，在无形中为我们提供了便利和安全保障（图 2.20）。

图 2.20　人脸识别的应用场景

　　人脸识别是基于人脸的独特特征和图像处理技术实现的，如图 2.21 所示。首先通过人脸侦测算法识别图像中的人脸位置，接着对人脸进行预处理，以消除噪声和光照影响。随后，应用特征提取算法从预处理后的人脸图像中提取关键特征信息，形成特征向量。最后，将这些特征向量与人脸数据库中的已知特征进行比对，借助相似度度量算法判断待识别人脸的身份。一旦匹配成功，即可输出相应身份标识；否则，识别为未知人脸。

　　接下来，我们将通过三个案例来深入体验上述技术。

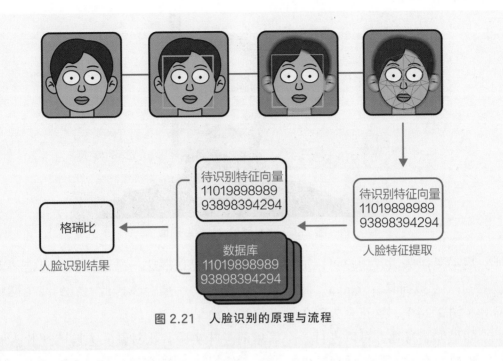

图 2.21 人脸识别的原理与流程

摇晃你的小脑袋，格瑞比跟随摆动！

人类幼崽的许多行为源于模仿，作为机器人的格瑞比也不例外，它同样能够通过人工智能来模仿人类的动作。例如，当我们左右晃动头部时，格瑞比也能同步做出相应的动作，如图 2.22 所示。那么，格瑞比究竟是如何实现这种模仿的呢？让我们一同探秘！

图 2.22 格瑞比跟随摆动

开启摄像头后，格瑞比即可采集实时视频画面，我们在 Kittenblock 舞台上看到的画面，就相当于格瑞比的视野。此时，我们仔细观察人脸（图 2.23），不难发现鼻子恰好在脸部的中间区域，非常有利于定位人脸的位置。

基于人脸关键点检测算法，格瑞比能够准确定位人脸的位置、姿态及五官特

图 2.23　Kittenblock 舞台画面

征。启动摄像头后，用户可以通过以下步骤直观观察这一过程：依次点击"人脸检测 on""戴面具 ironman"和"戴面具 none"，便会在舞台上看到一个网状的面具（图 2.24），这正是人脸关键点检测的结果。

如果你感兴趣，可以进行一个简单的趣味实验，比对真实人脸、照片人脸、动漫人脸及手绘人脸的识别效果。

格瑞比现在能够识别人脸了，但还需要判断鼻子在画面中的相对位置。这时就要用到坐标系了。Kittenblock 舞台背景包含一个二维坐标系（图 2.25），它可以帮助我们准确描述五官的位置，为后续的程序编写提供必要的判断阈值。通过添加舞台背景并降低视频透明度，可以同时观察坐标系和人脸，从而清晰地标定鼻子的位置。

有了人脸识别和二维坐标系的基础，格瑞比便可以通过判断鼻子的横坐标（x 坐标）来确定人是向左还是向右摆头，进而动态调整其自己摆头的方向。由于格

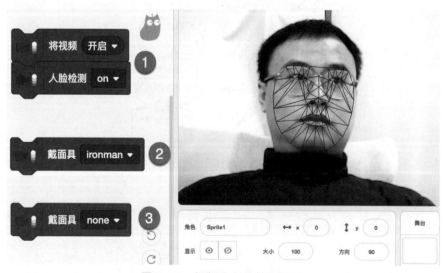

图 2.24　视频侦测的检测调试

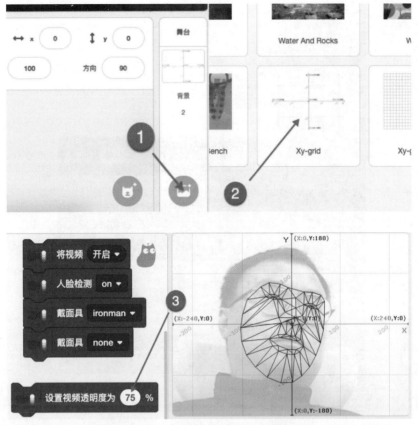

图 2.25　舞台背景中的二维坐标系

瑞比通常是面朝我们放置的，因此当我们自己向左摆头时，格瑞比应向自身的右侧摆头，如图 2.26 所示。

可以在编写的程序中设定 3 个区间，格瑞比根据区间调节舵机 2 的角度，如图 2.27 所示。

首先，判断鼻子的横坐标是否小于 –70：如果是，则判定为人脸向左摆，舵机 2 转至 90°；否则，继续判断鼻子坐标位置。

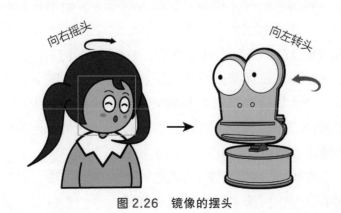

图 2.26　镜像的摆头

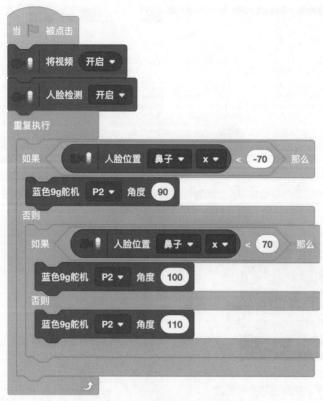

图 2.27　格瑞比跟随摆头程序

此时，如果鼻子的横坐标小于 70，则判定人脸居中，舵机 2 转至 100°；否则，判定为人脸向右摆，舵机 2 转至 110°。

这样便完成了一次完整的摆头判断与跟随。借助重复执行的程序结构，格瑞比能够不断执行这一动作，从而实现对人类摆头动作的有效模仿。

🐱 色彩传递情感，格瑞比的情绪变化

人与人之间的情感交流可以通过多种方式实现，包括非语言表达、肢体语言、语言交流及情绪共鸣等。格瑞比作为一款智能机器人，也能根据我们的表情变化展现出不同的情感反应（图 2.28）：当你开心时，它会分享你的喜悦；当你生气时，它会表现出自责和难过；而当你情绪低落时，它也会显得情绪低落。

格瑞比的情感传递可以借鉴人类的非语言表达方式（图 2.29），如面部表情和眼神交流。微笑通常传达快乐和友好的情感，而皱眉则可能代表悲伤和痛苦。基于人脸状态反馈的应用，我们可以设计一个程序，让格瑞比的眼睛根据识别到的表情，发出不同类型的光。

编写程序的思路如下：使用摄像头，并通过人脸侦测算法，完成对人脸的检测、定位、采集。接着，基于人脸关键点检测，判断人脸的表情，进而控制格瑞比的

图 2.28 情感传递

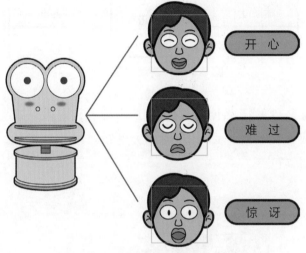

图 2.29 面部表情实现非语言表达

眼睛发出相应类型的光。由于"视频侦测"插件无法实现人脸状态反馈，因此需要额外添加 AI 插件——"人脸识别"（图 2.30）。

图 2.30 AI 插件——"人脸识别"

"人脸识别"插件的主要功能：

· 在画面中识别出人脸及数量；

· 辨识人脸的特征与状态；

· 辨别不同的人脸。

注意，该插件的人脸识别过程（图 2.31）：本地捕捉画面→上传至 AI 平台 →AI 平台分析→将数据发回本地。因此，人脸识别需要稳定的网络连接，且每次识别都会持续一定时间。

图 2.31　人脸识别的流程

先编写一个最基础的情感传递程序（图 2.32），每按一次空格键，就调用一次人脸检测，完成检测后对返回值进行一次更新。检测完成后，即可根据反馈来调整格瑞比眼睛的颜色。

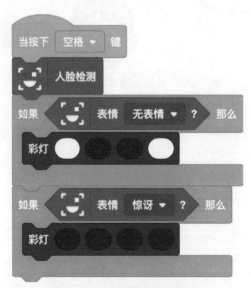

图 2.32　格瑞比情感传递程序

完成程序编写后，面对摄像头做出"面无表情"和"惊讶"的表情（图 2.33），并且按下空格键。稍等片刻，看看格瑞比有没有接收到你所传递的情感！案例程序用两种表情作为示范，大家可以自行扩展其他表情效果。

个人的经历、文化背景及个人喜好会对颜色与情感之间的关联产生影响。因此，不同的人可能会对颜色与情感的关联有不同的理解和感受。可以根据自己的喜好调整或改变不同的情感色彩，以下是一些基于普遍文化和心理联想的颜色与

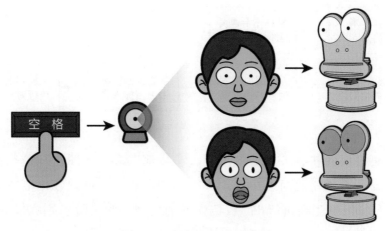

图 2.33 格瑞比的情感传递

情感对应关系。
- 红色：兴奋、热情、冲动。
- 蓝色：冷静、信任、安宁。
- 黄色：快乐、活力、温暖。
- 绿色：平和、和谐、恢复。
- 橙色：积极、活力、乐观。

情谊万岁：我与我的唤醒者

在我们挥手唤醒格瑞比后，这款智能机器人已学会了人脸侦测和一些人脸状态的判断。是时候赋予它人脸相关的核心技能——人脸识别（图 2.34），让它记住其面前的唤醒者了！在现实生活中，人脸识别是一种便捷可靠的生物识别技术，广泛应用于支付、安防、身份确认等领域。

这就是我的唤醒者。

图 2.34 人脸识别效果

人脸识别的原理可以简要概括为，先通过摄像头采集含有人脸的图像，然后提取脸部特征。人脸识别流程主要包括两个环节：一是人脸样本录入，二是人脸比对，如图 2.35 所示。

人脸样本录入相对简单，类似于人类识别他人，如图 2.36 所示。当你将一个人的样子和名字提供给大脑时，便可以将两者记住并联系在一起。对人工智能而言，记住人脸就是获取人脸特征值。进行云端人脸识别时，服务器为每张人脸返回唯一的特征值，这一特征值可视为个人身份 ID。

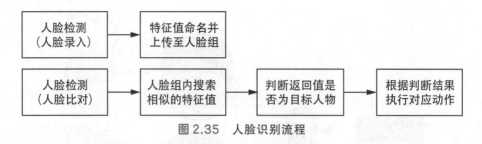

图 2.35　人脸识别流程

在摄像头开启的状态下，拖曳出"人脸检测"和"人脸特征值"两个积木。在舞台完整显示人物正脸时，单击"人脸检测"积木。此时积木周围会呈现黄色光影，代表人脸识别正在进行中，黄色光影消失则表明人脸识别完成。再单击"人脸特征值"积木，可以看到返回的人脸特征值，如图 2.37 所示。

图 2.36　人脸样本录入　　　　　　　图 2.37　人脸特征值

记住人脸后，接下来就是让机器人记住"这个人叫啥"，即给人脸特征值命名。要注意的是，命名只能使用英文。同时，建议取一些特殊的、好记的名字，避免与其他人冲突。命名后将人脸特征添加到指定的人脸组，如图 2.38 所示。人脸组名同样只能使用英文，建议用更具个性化的组名。大家都使用"groupa"作为组名，可能会造成数据混淆。

掌握基本用法后，可以开始让格瑞比记住我们，并为程序添加适当的灯效和

图 2.38　人脸特征值命名与添加人脸组

音效作为提示（图 2.39）。按下空格键，格瑞比将发出提示音，并让双眼发出红光。随后，开始提取人脸特征并将其添加到人脸组。完成后，格瑞比会发出提示音，双眼切换为白光。

图 2.39　格瑞比人脸录入程序

完成样本录入后，接下来进入辨认过程，原理和人类相似：看到一张人脸时，我们会在大脑中搜索相关信息，并判断是否认识此人（图 2.40）。

图 2.40　搜索人脸

对应的，机器人会在数据库的人脸组中搜索对应的人脸特征值，相似度达到一定值才能返回识别结果。若认为某些相似人脸容易产生误识，可以适当提高识别阈值，如将"85"修改为"90"（图 2.41）——设置为 100 几乎不可能达成。

图 2.41　人脸组搜索人脸特征值

　　完成人脸录入后改写程序：如图 2.42 所示，当我们再次按下空格键时，格瑞比开始识别当前画面中的人物；完成识别后通过一个变量记录来自人脸组的返回值，并且根据变量内容的比对，来判断是否为目标人物。

图 2.42　人脸辨识程序的结构

　　如果返回的名称与录入阶段的命名一致，格瑞比将点头表示成功记住唤醒者，此时舵机 2 会在 90°与 110°之间摆动 3 次，最后回到 100°。若返回的名称不一致，格瑞比会摇头表示不认识，此时舵机 1 将在 90°与 110°之间摆动 3 次，最后同样返回 100°（图 2.43）。此外，可以进一步增加音效和灯效，以丰富最终的展示效果。

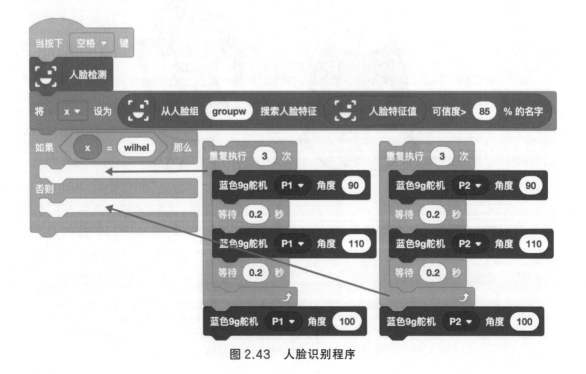

图 2.43　人脸识别程序

第 **3** 章　新次元！语音交流的神奇对决

在上一章中，我们一起体验了人脸相关的人工智能案例，从人脸侦测到人脸关键点检测再到人脸识别，一步步揭示了计算机如何认识并理解人脸。而在本章中，我们将迈入一个全新的人工智能领域——语音交流。

语音交流是一种自然而直接的交流方式，对于人类交流至关重要。随着人工智能的发展，计算机也开始具备识别和理解语音的能力。结合语音合成与生成式对话模型，自然的人机语音交互也开始走进我们的生活（图 3.1）。

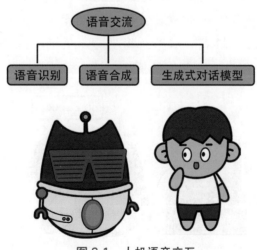

图 3.1　人机语音交互

作为一种无形的媒介，语音如何被计算机捕捉、解析、模仿，并最终转化为有效的互动和反馈，是人机交互智能化的重要挑战。本章将从计算机的视角出发，通过具体案例，帮助大家理解这些技术的原理与应用，并探索它们如何改变我们的生活。在这一新领域，人工智能与人类之间将展开前所未有的互动，通过不断地模仿和学习人类的语音交流，进一步增进交互的质量和深度。或许在不久的将来，人类将难以辨别电话另一端究竟是真人还是机器人（图 3.2）。

图 3.2　逼真的机器人电话

接下来，就让我们一起进入这一新次元，探索人工智能在语音识别、语音合成及生成式对话模型中的无限可能！

3.1　一起用语音操纵格瑞比

语音交流是一种不依赖工具或接触的自然交互方式，长期以来，它一直是人类最常用的沟通模式。赋予机器类似人类的听觉系统，以实现自然交流（图 3.3），一直是科研人员的梦想。

图 3.3　人机自然交流

1952 年，当计算机还处于其发展的初级阶段时，戴维斯（Davis）等人研制了一个能识别 10 个英文数字发音的实验系统（图 3.4）。这意味着机器开始能够"听"懂人类的语音并据此做出反应，语音识别技术就此问世。

图 3.4 Davis 等人研制的实验系统

在此之前，机器对语音的处理仅限于简单机械响应，缺乏真正的"理解"或"识别"能力。尽管该系统只能识别非常有限的数字发音，且识别率相对较低，但为后续研究提供了宝贵的经验和方向。

到了 20 世纪 70 年代，语音识别技术主要采用一种称为"模板匹配"的方法（图 3.5）。该方法的核心是提取语音信号的特征，并基于这些特征构建所谓的"模板"。这些模板是代表特定词汇或音节声学特性的数据模型。

图 3.5 基于模板匹配的语音识别

当系统接收到测试语音时，会提取该语音的特征，并与已有模板进行比较与匹配。匹配过程涉及测试语音和各模板之间的相似度计算，选择最相似或距离最近的模板作为识别结果。

模板匹配在解决孤立词识别上具有一定的有效性。孤立词识别是指识别系统从一组预定义的词汇中提取一个单独的词汇，如图 3.6 所示。模板匹配能够较准确地捕捉特定词汇的声学特征，并在有限词汇集中进行匹配，因此相对有效。

图 3.6　孤立词识别

然而，面对大词汇量、非特定人及连续语音识别时，模板匹配就显得力不从心了。在这些复杂场景下，模板匹配的局限性主要体现在以下几个方面。

（1）大词汇量语音识别意味着系统需要处理的词汇和模板数量显著增加，存储和计算成本急剧上升，如图 3.7 所示。

图 3.7　大词汇量语音识别

（2）非特定人语音识别意味着系统需要适应不同人的发音差异，以及环境噪声的变化，如图 3.8 所示。

图 3.8　非特定人语音识别

（3）连续语音识别要求系统能够实时连续识别多个词汇和短语，而模板匹配需要预先定义词汇的边界和顺序，这使得它无法很好地处理自然、流畅的对话，如图3.9所示。

图 3.9　连续语音识别

尽管模板匹配方法在20世纪70年代的语音识别中占据主导地位，但其局限性也促使研究人员开始探索更先进、灵活的语音识别技术。

20世纪80年代，语音识别技术迎来重要转折点，概率统计方法开始广泛应用并逐渐取代基于模板匹配的技术思路（图3.10）。这一变革推动了语音识别技术的迅速发展，为连续语音识别的研究奠定了基础。

图 3.10　基于概率统计的语音识别

与模板匹配方法相比，概率统计方法更加注重对语音信号整体特性和变化的建模。系统首先收集大量的语音数据并对其进行统计分析，建立声学特征的概率模型。接收到测试语音时，系统根据概率模型对其进行解码和识别，选择可能性最高的结果（图3.11）。

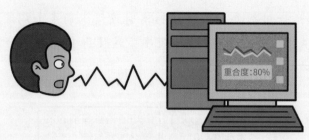

图3.11 概率统计的特点

进入20世纪90年代，尽管语音识别的技术框架没有重大突破，但随着多媒体时代的到来，众多发达国家和企业都开始推进语音识别实用化的研发，从而促成了该技术应用与产品化的飞速发展（图3.12）。到了2010年前后，机器学习算法及计算机性能的提升，使得训练深层神经网络的方法更加有效，从而显著提高了语音识别的精度。

图3.12 语音识别的飞速发展

了解语音识别的大致发展历程后，我们正式认识一下语音识别技术。语音识别（automatic speech recognition，ASR）是一种让机器识别语音信号（图3.13），并将其转变为相应的文本或命令的技术，涉及声学、语言学、信息理论、信号处理、计算机科学等多个学科。

图3.13 语音识别

如今，语音识别技术已广泛应用于各个领域，展现出广阔的应用前景，包括语音输入、语音控制、客户服务、机器翻译等，如图 3.14 所示。在智能家居中，用户可以通过语音指令控制家电；在自动驾驶中，语音识别技术能够解析并执行驾驶员的语音指令。此外，语音识别技术也在客服、教育和娱乐等领域发挥着重要作用。

图 3.14 语音识别的应用

机器的语音识别过程与人类相似。当人类说话时，声带振动产生声波，这些声波被耳朵内部的结构（如外耳、中耳和内耳）感知，最终触发听神经并传递信号给大脑（图 3.15）。大脑随后对这些信号进行处理，解读成可理解的信息。这个过程的每个环节都至关重要，共同构成我们感知和理解语言的奇妙机制。

对机器而言，麦克风就是"耳朵"，负责将声波转换为电信号；计算机则是"大脑"，利用算法处理传递过来的电信号，完成对语音的理解。实际的语音识别是一个复杂的过程，如图 3.16 所示，关键词简要介绍如下。

- 声音采集：通过麦克风采集语音信号，并对这种模拟信号进行数字化处理。
- 预处理：此步骤包括降噪、滤波以及信号的分帧。
- 特征提取：从每一帧声音信号中提取关键特征，通常涉及音高、频率和能量等统计属性，如音高、频率、能量等。
- 声学模型训练：声学模型是经过预先训练的，描述了声音特征与文

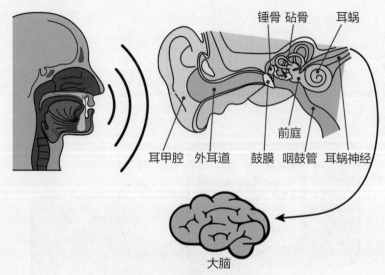

锤骨 砧骨　耳蜗

耳甲腔　外耳道　鼓膜　咽鼓管　耳蜗神经

前庭

大脑

图 3.15　人类识别语音的过程

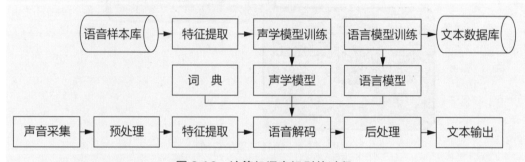

图 3.16　计算机语音识别的过程

本之间的映射关系。将提取的特征与声学模型进行匹配，以找到最符合当前特征序列的文本序列。

- 语言模型训练：语言模型描述了文本序列本身的概率分布，用于在解码过程中约束可能的文本输出，确保输出的文本在语法和语义上都是合理的。

- 词典：提供可能的词汇选择，而语言模型则用来评估这些词汇组合在语言学上的合理性。

- 解码：将声学模型、语言模型和词典的输出结果结合起来，找出最可能的文本序列。

- 后处理：对解码得到的文本序列进行后处理，包括纠正拼写错误、替换不合适的词汇、调整语法结构等。

- 输出：输出最终识别结果，可以是文本、命令、控制信号等，具体取决于语音识别的应用场景。

🐱 起床啦！爱睡懒觉的格瑞比

了解语音识别的发展及原理后，我们尝试用语音识别实现更自然的行为动作。例如，当我们想要唤醒某人时，常用表达有"起床啦""快起来"等。在之前的实验中，我们通过挥手唤醒了格瑞比，现在尝试用语音唤醒格瑞比（图 3.17）。

图 3.17 用语音唤醒格瑞比

进行语音识别之前，需要在 Kittenblock 中找到"语音识别"插件（图 3.18），并单击以完成添加。该插件的运行过程与人脸识别类似，同样是在本地完成信息采集，随后将数据上传到云端 AI 平台进行分析，最终将识别结果返回本地。

图 3.18 "语音识别"插件

Kittenblock 的语音识别系统不仅支持普通话和英语，还支持粤语、四川话等方言的识别（图 3.19）。在编程积木中，可以调整"听候时长"——语音识别的保持时间。根据自己的语音输入长度，建议将其设置为 2 ~ 3 秒，以适应简单的命令词识别。

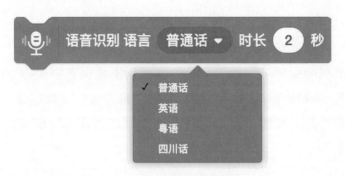

图 3.19　语音识别积木

　　单击语音识别积木，即可直接触发语音识别动作。此时，积木将切换显示效果，周围持续显示黄色光圈，持续时间为设置的听候时长（图 3.20）。此外，积木下方会显示弹出窗口，显示麦克风采集到的语音波形，波形随声音的变化而改变。处于听候状态时，舞台右下角会出现一个麦克风图标；听候结束后，语音识别输入停止，舞台自动恢复正常状态。

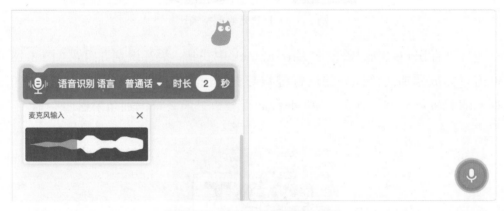

图 3.20　语音识别的触发与过程

　　语音识别完成后，积木下方会显示识别结果弹窗（随后会消失）。为了方便观察语音识别的内容，可以在左侧积木栏中勾选"语音识别结果"（图 3.21）。此时，舞台左上角会始终显示上一次的语音识别结果，直到下次识别。

　　最后，我们通过设定关键词来触发事件。也就是说，当语音识别到特定关键词时，即可执行相关程序，从而控制格瑞比的动作效果。接下来，我们展示一个完整的案例，通过关键词"起床啦"唤醒格瑞比。

图 3.21　语音识别结果显示

　　首先，通过空格键触发语音识别（图 3.22）。此时，格瑞比仍处于睡眠状态，因此所有灯效均保持关闭。

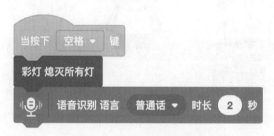

图 3.22　空格触发语音识别

　　成功识别"起床啦"后，格瑞比会短暂振动一下，然后睁开双眼。对应的程序逻辑是，电机转动一下后停止，同时 1 号和 4 号彩灯点亮（图 3.23）。

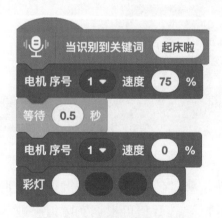

图 3.23　唤醒后的执行程序

　　来试试效果吧！按下空格键，并朝麦克风说出"起床啦"。

格瑞比的早操

成功通过语音唤醒格瑞比后，我们进一步扩展功能，利用多个语音识别关键词来控制格瑞比的动作。例如，通过"抬头""低头""向左看""向右看"控制格瑞比的头部摆动，让它做个简单的早操（图 3.24）。

图 3.24　格瑞比的早操

首先，依然通过空格键来触发语音识别，并将格瑞比的脖子调整到初始位置。两个舵机的初始角度均为 100°（图 3.25），此时格瑞比的头部端正。

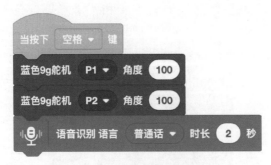

图 3.25　初始角度设置

接下来，针对"抬头"和"低头"两个关键词，分别设置舵机 1 的角度调整到 90° 和 110°（图 3.26）。具体数值可根据实际情况进行微调。类似的，针对"向左看"和"向右看"，设置舵机 2 的执行动作。

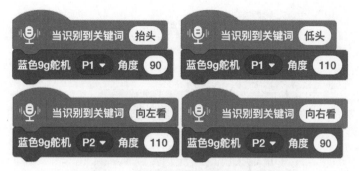

图 3.26　4 个关键词与对应的执行动作

完成后试试效果吧！还可以试着加入"摇头""点头""眨眼"等关键词，并为这些动作设定相应的执行步骤，以丰富格瑞比的表达能力。

🐱 点心？！哪里有点心！！！

在上述两个案例中，我们使用的语音指令都是非常简短的。细想之下，实际生活中除了短语，我们还会通过完整的句子来传达意图（图 3.27）。那么，如果我们对格瑞比说一段相对较长的话，它能否成功执行命令？下面我们就来进行几个实验，以验证这一猜想。

麻烦你摇一摇头。

图 3.27　生活中的对话

首先，编写图 3.28 所示程序并运行，分别对麦克风说"麻烦你摇一摇头"和"麻烦你摇摇头"。可以发现，当我们说"麻烦你摇一摇头"时，格瑞比会摇头；但当我们说"麻烦你摇摇头"时，格瑞比不会有任何反应。

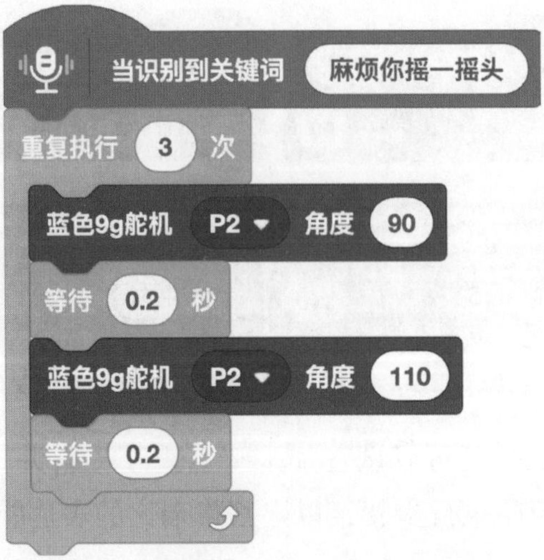

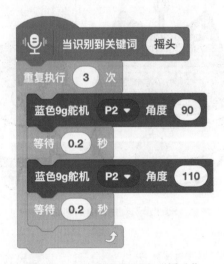

图 3.28　"麻烦你摇一摇头"识别程序

　　尽管这两句话的意思相近，但一字之差却导致格瑞比无法有效执行摇头动作。这合理地表明，格瑞比的程序并不具备思考能力，无法理解句子的整体意思，只能机械地判断语音识别结果是否完全等于关键词或包含关键词。

　　接下来，我们改写程序，将关键词设置为"摇头"（图 3.29），再分别对格瑞比说"麻烦你摇一摇头""麻烦你摇摇头""摇一摇头""摇头"。

图 3.29　关键词改写为"摇头"

　　此时会发现，无论我们怎么说，只要识别的语音内容之中完整地包含了"摇头"这一关键词，就可以成功触发格瑞比执行相应的动作。因此，在设置关键词的时候，我们只需抓住最关键的词汇，无须完整地判断整句话。由此，上述程序可以等效为图 3.30 所示的程序。

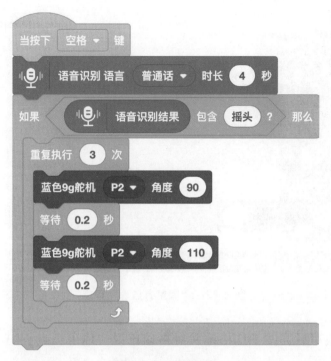

图 3.30　等效程序

语义理解涉及复杂的算法和庞大的数据模型，通常由云端的 AI 平台完成，最终只会返回识别结果给本地。我们所编写的程序，实际上是在判断返回结果中是否包含特定词汇，并不具备真正的"理解"能力。

利用这一特性，我们可以做一个网络上流行的表情包（图 3.31），看格瑞比如何出丑。当你对睡懒觉的格瑞比说"你可长点心吧"时，格瑞比可能会听到句子中的"点心"，立刻两眼放光。程序如图 3.32 所示。

图 3.31　点心？！哪里有点心！！

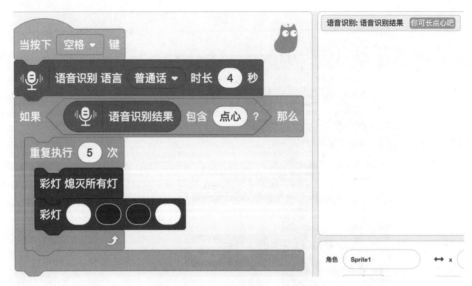

图 3.32　"哪里有点心"程序

完成程序编写后，按下空格键并对格瑞比说"你可长点心吧"，看看它是否会瞬间两眼放光！

3.2　奇幻变声秀：格瑞比能说话啦

语音合成（text to speech，TTS）是将计算机产生或外部输入的文字转化为可闻且流畅的语音的技术。在日常生活中，排队叫号、车站播报及智能助手与人的语音交互等，都是基于语音合成技术实现的（图 3.33）。

早期的语音识别，机器是根据文字对应的字音进行朗读的，效果就像把句子一个字一个字地念出来（图 3.34）。例如，输入"博士！你好！"机器读出来的效果是"博，士，你，好"，这种逐字朗读的方式毫无情感，一听就是机器人。

进入下一阶段，语音合成的发展转向单元挑选拼接合成，这可简单理解为将句子分解成多个语音单元进行朗读（图 3.35）。通常，这些语音单元与人类的理解相符合。例如，"阿喵昨天学习了语音识别"包含元素"阿喵""昨天""学习""语音识别"等。

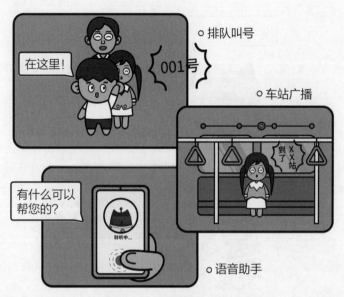

图 3.33　语音合成的应用

图 3.34　早期的语音识别

图 3.35　单元挑选拼接合成

　　该阶段的技术瓶颈在于语音数据库的语音单元。如果语音数据库不包含某个特定的语音单元，那么机器仍会逐字、缺乏感情地朗读。例如，数据库中有"昨天"，那么机器在读"昨天"时表现流畅；但如果没有"语音识别"这个单元，机器就会读成"语，音，识，别"（图 3.36）。

图 3.36　单元挑选拼接合成的局限性

进一步发展，基于隐马尔可夫模型（Hidden Markov model，HMM）的参数语音合成技术得到了应用。这一方法涉及对庞大的语料库进行信息标注和参数提取，从而构建训练后的 HMM 模型。这一模型能够对输入文本进行参数调整，最终输出富有情感、抑扬顿挫的语音（图 3.37）。

图 3.37　基于 HMM 的参数语音合成

现在，基于神经网络的端到端语音合成可直接从文本生成语音，无须使用传统的语料库或进行复杂的特征提取；能够通过自动参数调整优化合成效果，并根据不同需求进行调整，以适应各种应用场景（图 3.38）。例如，调整模型参数以改变语音的语调、速度或音色，满足用户个性化需求。

图 3.38　基于神经网络的端到端语音合成

　　语音合成的流程大致可分为文本分析和声学系统两部分，如图 3.39 所示。前者用于决定如何朗读句子，后者则根据文本分析生成相应的波形，这两者默契配合，完成语音合成任务。输入文本后，文本分析立刻开始，解读含义和情感，随后将信息传递给声学系统以生成相应的语音波形。

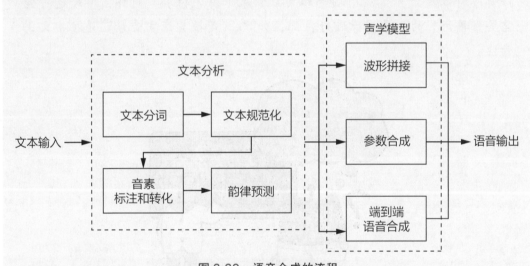

图 3.39　语音合成的流程

　　文本分析可以简单地理解为将文本转化为音素序列，具体步骤如下。

　　（1）分词：根据输入文本的语种语法规则，将文本转化为由单词组成的句子（图 3.40）。这一步对于中文尤为重要，因为词语之间没有明显分隔符（如空格）。分词算法基于语言语法规则及大量语料库数据进行切分，以确保每个单词或词组符合语言习惯。

图 3.40　文本分词

（2）文本规范化：按设定规则对文本中的阿拉伯数字和字母进行标准化处理。例如，将"2022"转化为"二零二二"或"两千零二十二"，选择哪一种取决于具体应用场景和用户需求（图 3.41）。同样，字母也可能需要根据语言的发音规律进行转化，如"a"是按英语发音读还是按中文拼音读。

图 3.41　文本规范化

（3）音素转化：将文本转化为音素序列，并标注每个音素的级别、音节、重音和语调等信息。音素是语音的基本单位，这一步依赖语言的发音规则和音素库。

转换还要考虑多音字问题，这需要通过词性分析和上下文理解等手段来判断具体的读法，如"小明背（bēi）着我去玩"与"小明背（bèi）着我去玩"（图 3.42）。

图 3.42 音素转化

（4）韵律预测：输出拼音节奏等信息。如图 3.43 所示，文本结构、标点符号和语气词等都会影响语音合成效果。根据文本中的语气词和上下文信息来判断句子的情感倾向，从而调整语音的语调、音量等参数，使得合成的语音更加贴合原文的情感表达。

图 3.43 韵律预测

声学模型主要有三种实现方式：波形拼接、参数合成、端到端语音合成。

· 波形拼接：从语音库中选择所需的音节、音素并拼接（图 3.44）。优点在于音质优秀，但缺点是需要高覆盖率的语音库和大量录音，且词间过渡生硬。

图 3.44 波形拼接

- 参数合成：通过对语音库进行参数建模，构建文本序列和声学特征的对应关系，将语音转化为波形（图 3.45）。其优缺点正好与波形拼接相反。

图 3.45　参数合成

- 端到端语音合成：通过神经网络直接学习文本与声学特征之间的关系（图 3.46）。这一方式降低了语音学的要求，拟人化程度高，效果佳，但缺点是合成音频的参数不可人为调优。

图 3.46　端到端语音合成

🦉 摇一摇，晕乎乎的格瑞比

在乘坐船只或车辆时，一些人容易感到头晕，这与人体内的平衡感知系统密切相关。视觉系统通过眼睛感知周围的运动状态，而前庭系统则通过内耳（耳蜗和半规管）感知头部的运动和位置变化。

正常情况下，这两个系统所传递的信息保持一致，但在乘车或乘船时，尤其是在颠簸的情况下，这种一致性可能会被打乱。比如，当我们在车上或船上时，眼睛看到的可能是"静止"的景物，而身体却感受到来自车辆或船只的运动。这种信息冲突会导致大脑对身体状态的判断出现混乱，从而引发晕车或晕船的症状（图 3.47）。

图 3.47　晕车 / 晕船

　　有趣的是，格瑞比配备了检测姿态的传感器，这与内耳的功能类似。那么，如果我们摇晃格瑞比，它是否也会感到晕乎乎的呢？

　　现在，我们来编写一个程序，让格瑞比被摇晃时告诉我们它感到头晕。首先，在 Kittenblock 中添加"语音合成"插件（图 3.48），让格瑞比能"说话"。

图 3.48　语音合成插件

　　"语音合成"支持中文和英文的朗读，还可以通过"音色选择"来选择不同的朗读声音；如果不选择，则默认使用"成熟男声"（图 3.49）。

图 3.49 音色选择

人类的说话方式除了音色不同，语速、音调、音量也存在差异。有些人说话快、声音尖、音量大，而有些人则说话慢、声音低沉、音量小。就算是同一人，在不同情绪和环境下，说话的语速、音调、音量都可能不同。

同样，语音合成除了音色可以选择，语速、音调和音量均可以调节（图 3.50），范围为 0 ~ 15，共 16 挡。我们可以根据需要调整这些参数，赋予语音特点。

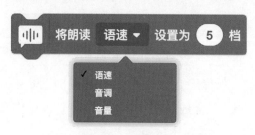

图 3.50 语速、音调、音量调节

完成以上设置后，就可以设定朗读的内容。在"短语音朗读"积木中输入需要朗读的内容即可，如图 3.51 所示。

图 3.51 短语音朗读积木

现在，我们掌握了使用语音合成的方法，可以给格瑞比赋予说话的能力。让我们编写一个程序：摇晃格瑞比后，它会说"我好晕呀"。

首先，设置语音的参数，选择"成熟男性"音色。因为人感到晕时，往往说话较慢，声音低沉且音量较小，所以格瑞比感觉晕乎乎时的说话参数也应调整得低一些（图 3.52）。

接着，开始判断格瑞比的状态。为此，我们需要用检测姿态的积木（图 3.53）。该积木可以根据三轴加速度的返回值，计算出葡萄板的实时姿态。通过下拉菜单，可以选择 8 种姿态判断。

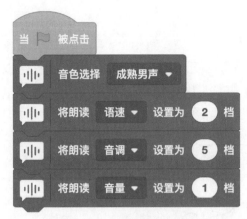

图 3.52 短语音朗读积木

图 3.53 姿态检测积木

完整程序如图 3.54 所示。没有被摇晃之前，格瑞比双眼有神，发出白色光芒。当被摇晃后，眼神变成暗淡些的黄光，发出摇摇欲坠的蜂鸣器音效，并且通过音响或耳机说"我好晕呀"。

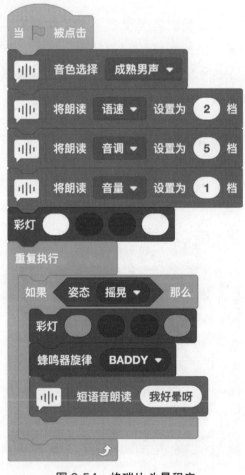

图 3.54 格瑞比头晕程序

🦉 SOS！格瑞比的求生大作战

晕乎乎的格瑞比摔倒在地，由于无法自己起身，它需要不时呼救，以便别人能够及时帮助它（图 3.55）。正常情况下，格瑞比应该保持直立，即充电口垂直朝上。而格瑞比倒下时，虽然可能有多种姿势，但我们可以统一认定为"摔倒"。

图 3.55　格瑞比摔倒在地

为了完成这个程序编写，我们需要设置一个条件：只要不处于"正立"状态，格瑞比就认为自己摔倒了，执行相应的呼救动作。首先，我们要设置好语音合成。为了凸显求救之紧急，语速、音量和音调都应该调高（图 3.56）。同时，也可以使用逗号和句号来控制朗读的间隔，使呼救听起来更自然。

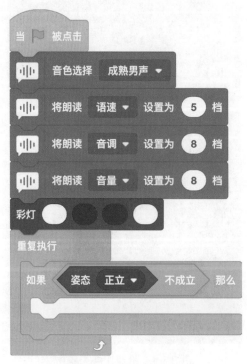

图 3.56　摔倒状态判断

完整程序如图 3.57 所示，一旦格瑞比检测到自己处于摔倒状态，它便开始执行呼救动作，直到被扶起。使用"重复执行到"积木，设置条件为"姿态正立"，并在条件成立时停止呼救。为此，需要并编辑一段短语音朗读文字，如"我摔倒了，帮帮我"。为了让呼救显得更加生动，还可以加入灯光、蜂鸣器等的效果。

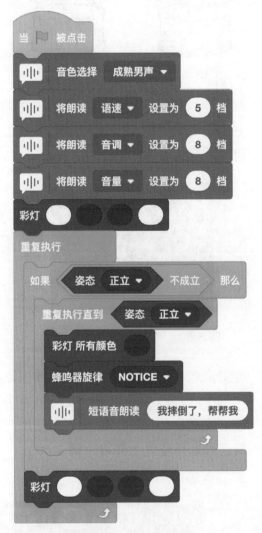

图 3.57　呼救动作程序

🦉 焕发生机！亮晶晶的大眼睛

被扶起后，格瑞比的状态逐渐好转，眼睛也开始焕发生机。在之前的案例中，我们是直接让格瑞比的眼睛根据需要的颜色点亮。那么，如果想让格瑞比的眼睛逐渐变亮（图 3.58），该如何实现呢？

图 3.58　格瑞比的眼神渐亮

　　按照之前的方法，我们可以拖曳多个彩灯的积木，并逐挡调整 1 号和 4 号彩灯的颜色（图 3.59）。然而，这种方法的问题在于，如果希望变亮的过程看起来更自然，可能需要大量的积木反复调色。

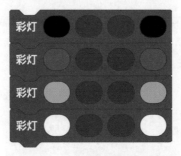

图 3.59　不使用变量的渐亮控制

　　那么，是否存在一种更高效的方法，可以让彩灯按一定规律逐渐变亮呢？当然有。使用"彩灯"积木堆中的"RGB"积木，我们可以手动输入数值来控制三个色道的亮度，从而实现灯光的自定义和灵活调节。使用方法也很简单，直接将该积木拖曳到彩灯积木的色彩选择位置上即可（图 3.60）。

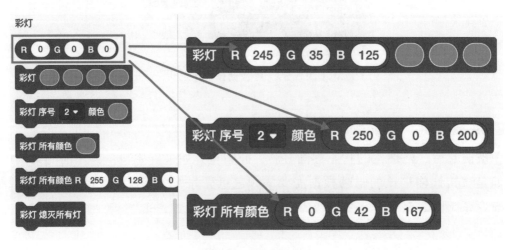

图 3.60　RGB 积木

要让灯光丝滑地自动点亮，我们需要利用变量，让 RGB 的值自动变化。在计算机中，变量是用于存储和处理数据的内存区域。定义一个变量，就是在内存中分配一块区域用以存储变量的值（图 3.61）。这个内存区域的地址可以通过变量名来引用，从而在程序中访问或修改变量的值。

内存用户数据区

图 3.61　计算机中的变量

在 Kittenblock 中，我们可以使用变量相关的积木来实现变量的控制。首先，找到"变量"积木栏，并单击"建立一个变量"，在弹窗中完成对变量的命名。Kittenblock 的变量命名支持中文，完成命名后点击"确定"即可（图 3.62）。

变量可以存储不同类型的数据，如整数、浮点数、布尔值和字符串等。变量的值和类型都可改变，但变量名称始终指向同一内存空间。我们可以在程序中修改变量的值，以实现各种需求。

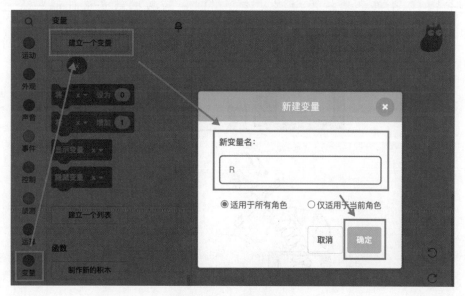

图 3.62　新建变量

如图 3.63 所示，变量指向的内存空间就像酒店的房间，位置（内存空间）不会改变，变的只是房间名（变量名），以及里面的住客（变量值）。

图 3.63　变量的存储

在程序中，我们可以使用赋值语句将某个值存储到一个变量中，一般形式为"变量 = 值"（图 3.64）。其中，"变量"是已经定义的变量名称，可以是任何合法的标识符；"值"可以是字面量、表达式或其他变量的值。

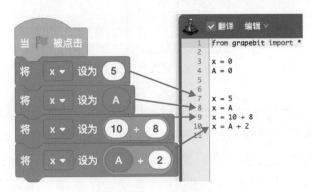

图 3.64　变量的赋值

要注意的是，一个变量中只能存放一个数据。如果变量中已经放入了一个数据，把一个新的数据再次放入该变量时，新数据就会替代原先存放在该变量中的数据（图 3.65）。

图 3.65　变量值的改变

变量的赋值如图 3.66 所示，有很多种方式，举例如下。

（1）变量名 = 值。

（2）变量名 = 值 + 值：赋值语句的右边也可以使用运算符号（+、−、×、÷）写成公式。

（3）变量名 = 变量名：向变量 X 中代入变量 A，先复制存在变量 A 中的值，再把复制的值存到变量 X 中。

（4）变量名 = 变量名 + 值。

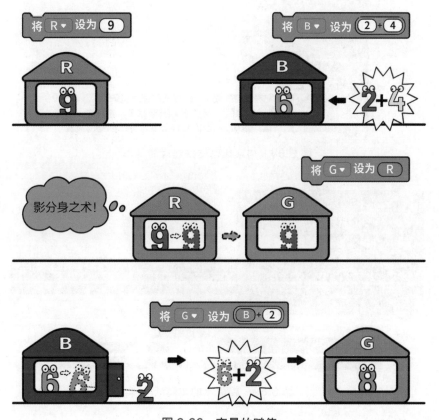

图 3.66　变量的赋值

了解变量的基本概念后，就可以利用变量控制格瑞比的眼睛了。在正常情况下，格瑞比的眼睛发白光，要让三个色道的数值保持一致。这样仅需一个变量，这里直接使用默认变量"x"。为了追求个性化的效果，可以新建"R""G""B"三个变量，分别控制三个色道（图 3.67）。

图 3.67　变量控制色道

　　简化起见，这里使用"按下空格键"代替扶起格瑞比的动作，程序如图 3.68 所示。刚开始的时候，将变量"x"设为 0，以便后续逐渐增加亮度。接着关闭所有灯光，格瑞比通过语音合成说"太好了，现在我精神起来了，谢谢你"。

　　随后，持续增加变量"x"的值，每次加 5，达到 255 时停止。在这个过程中，格瑞比的双眼将由"RGB"积木和变量"x"共同控制，逐渐点亮（图 3.69）。将图 3.68 和图 3.69 所示两部分程序组合，按下空格键之后，观察最终效果。

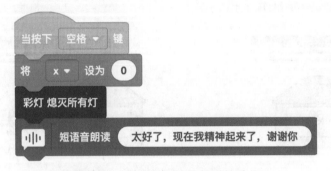

图 3.68　格瑞比刚被扶起时的动作

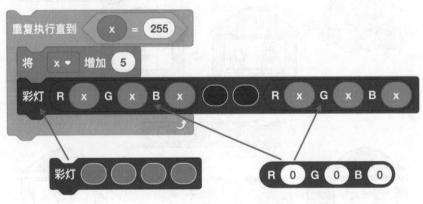

图 3.69　格瑞比的眼睛渐亮

　　上述程序使用的是异步式语音朗读积木，播放声音的同时，程序会向下执行（图 3.70），格瑞比的双眼开始发光。这适用于无差别朗读且后续动作不需要等待语音朗读完成的场合。

　　如果希望格瑞比说完话之后双眼才开始发光，可以使用阻塞式语音朗读积木（图 3.71）。这种积木适合需要等待语音朗读完成后再执行后续动作的情境，如朗读倒计时等。

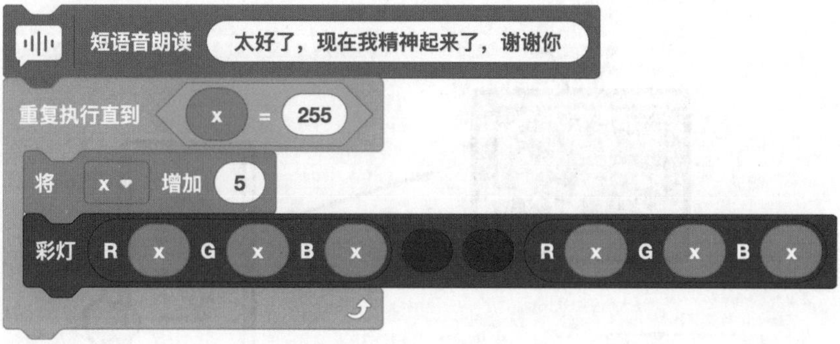

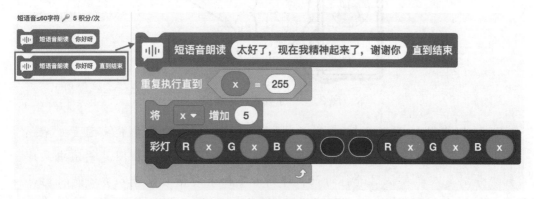

图 3.70　异步式语音朗读

图 3.71　阻塞式语音朗读

3.3　格瑞比的语境互动

在当今的数字化时代，人与机器的交互日益频繁。生成式对话模型，作为 AI 领域的一颗璀璨明珠，凭借其独特魅力和潜力，正在改变我们与机器之间的交互方式。

想象一下，当你与智能助手对话时，AI 的回复不再是简单的预设模板，而是连贯、个性化、仿佛真人般流利的自然语言。无须再面对冰冷的机器界面或复杂的操作按钮，通过自然语言交流，即可轻松获取信息或完成任务（图 3.72）。

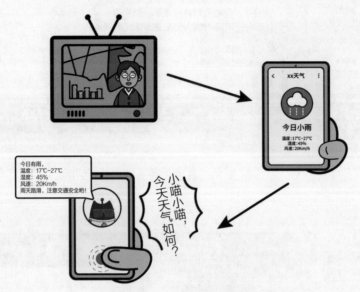

图 3.72　生成式对话模型

生成式对话的研究可追溯至 1950 年，英国数学家艾伦·图灵（Alan Turing）提出"图灵测试"，旨在评估机器的智能水平。在图灵测试中，评判者分别与人类和机器进行对话，评判者不知道对话对象是人类还是机器，如果机器让评判者在 30% 的时间内做出错误判断，则可认为该机器通过了测试，有能力表现出类似人类的智能（图 3.73）。

图 3.73　图灵测试

在早期阶段，基于规则和模板的对话式语言模型通过预先定义的规则回答用户问题，但由于结构固定、语义理解能力有限，无法处理复杂的对话场景（图 3.74）。

图 3.74　早期的对话式语言模型

随着深度学习技术的兴起，这些对话式语言模型进入了一个全新的阶段。基于神经网络的对话模型，如递归神经网络（RNN）和长短时记忆网络（LSTM）等开始应用。依靠大量对话数据的学习，这些模型能够更好地处理序列数据，并提高语义理解和生成能力，使得对话更加自然流畅（图3.75）。

图 3.75　基于神经网络的对话模型

2017 年，阿希什·瓦斯瓦尼（Ashish Vaswani）等人提出了 Transformer 神经网络架构，如图 3.76 所示。这个基于注意力机制的架构彻底改变了自然语言处理领域，成为许多 NLP 任务（如机器翻译、文本生成和情感分析等）的基础架构。Transformer 的出现，被视为深度学习领域的一个重要里程碑，对自然语言处理和其他序列建模任务产生了深远的影响。

Transformer 模型的优势如图 3.77 所示，主要体现在以下几方面。

- 自注意力机制：核心特点之一，当模型处理一句话时，能同时考虑到句子中的其他单词，而非依次处理，从而更好地理解上下文。
- 并行处理能力：基于注意力机制可以同时处理整个句子，显著提高了处理大规模数据集的效率。
- 编码器 – 解码器架构：编码器处理输入数据并将其转化为内部表示，解码器基于内部表示生成输出，这种结构使得 Transformer 能够灵活处理各种 NLP 任务。

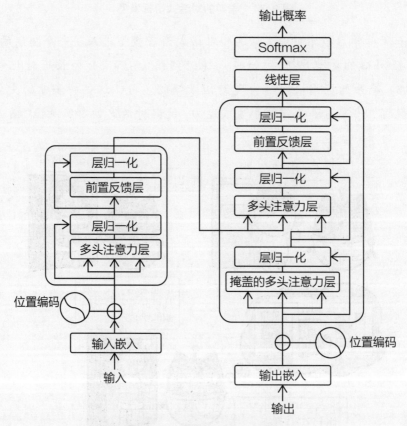

图 3.76　Transformer 架构

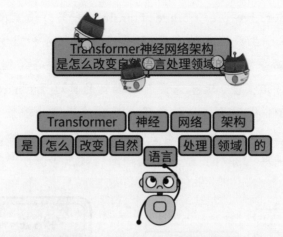

图 3.77　Transformer 架构的优势

得益于这些优势，Transformer 模型非常适合作为预训练模型的基础架构。通过在大量文本数据上进行预训练，Transformer 模型能够学习到丰富的语言知识和上下文信息，在其他相关任务上取得更佳效果（图 3.78）。

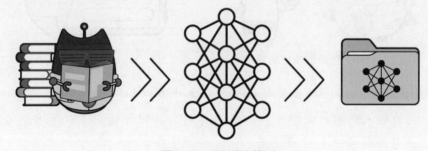

图 3.78　预训练模型

一些采用 Transformer 架构的著名预训练模型列举如下。

· BERT（bidirectional encoder representations from Transformers）：由 Google 于 2018 年提出，强调双向上下文理解，适合需要全局语境理解的任务，如文本分类和问答系统（图 3.79）。

图 3.79　BERT 预训练模型的应用

- GPT（generative pre-trained Transformer）：由 OpenAI 于 2018 年发布，专注于生成连贯的文本，适合生成式任务和需要连贯性的应用，如与虚拟助手对话，自动撰写文章、新闻摘要等（图 3.80）。

提到生成式对话模型，近年来最引人瞩目的莫过于 ChatGPT（图 3.81）。ChatGPT 基于 GPT 模型构建，具备强大的自然语言处理能力，能够实现自然流畅的对话交互，为用户提供智能、个性化的对话体验，广泛应用于各种领域，如办公辅助、客服支持、教育辅助、娱乐等。

图 3.80　GPT 预训练模型的应用　　图 3.81　OpenAI 推出的 ChatGPT

以 ChatGPT 为例，生成式对话模型的工作流程如图 3.82 所示，概括如下。

- 用户输入：用户向模型输入文本作为对话的开始，可以是一个问题、一句话或者一个对话段落。
- 编码处理：用户输入的文本首先被转换成模型可以理解的形式，通常以向量表示。
- 上下文理解：利用基于 Transformer 架构的预训练模型，深入理解文本的语义和语境，提取关键信息，并构建相应的内部表示。其关键在于模型能否准确捕捉用户意图并理解上下文信息。
- 文本生成：根据模型学习的知识、已经编码的信息及前面生成的部分文本，利用自回归语言模型生成下一个单词或字符，进而形成连贯、

图 3.82　生成式对话模型工作流程

自然的回复，这也是解码的过程。

· 反馈与调整：生成的文本会根据预训练目标进行调整，以提高文本生成质量和连贯性。模型也会根据反馈信息进行微调，以不断优化生成的回复。

· 输出结果：生成的文本作为输出，回应用户的输入或完成特定任务。输出可以是一句回复、一段对话或者完成某项任务的结果。

· 用户交互与反馈：用户可以对模型的输出进行反馈，如提出更多问题、更正模型的回复或提供额外信息。这些反馈可以帮助模型更好地理解用户意图并改进回复质量。

那么，什么是自回归模型？自回归模型是基于文本理解的预测模型，其文本生成过程可以被视作"走一步看一步"。例如，模型已生成"我能够帮助用户"，接下来会根据上下文预测下一个词汇，如"翻译""写文案"等（图 3.83）。文本生成是连续的，模型会反复询问自己"下一个词汇选什么比较好"。

图 3.83 自回归模型的词汇预测

这种方式与人类依赖知识和经验快速检索答案有所不同，但在处理复杂问题时，有助于系统更好理解问题并生成更准确的回答。具体到词汇预测，模型根据已生成的词汇，找出所有可能的下一个词汇并计算其概率（图 3.84）。然后，根据计算概率、上下文理解及生成策略来选择词汇。

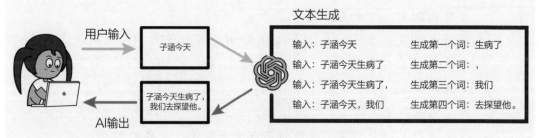

图 3.84　词汇预测的概率计算

　　此外，模型还要考虑整体语义、情感、风格和上下文，最终目标是生成的词汇在语法、内容和语言习惯上都正确。

　　例如，预测下一个词汇时，有一个备选词汇，虽然计算的概率并不高，但是非常符合语义，很大可能可以组合出一个不错的句子，那也有可能被模型选择（图 3.85）。

图 3.85　机器人选词

　　具体选择哪个词取决于生成策略，模型可能会随机选择一个词汇，以求回答得足够自然以及多样；也可能会选择高于某个概率的词汇，以追求答案的准确性（图 3.86）。

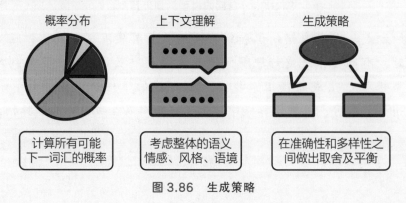

图 3.86　生成策略

百变面具？无所不知的格瑞比

在实现格瑞比与用户进行语音对话之前，我们了解一下语言模型插件的使用。请在插件中找到"语境"并完成添加，如图 3.87 所示。该插件基于国产大语言模型"文心一言 3.5"设计，能够实现自然流畅的人机对话。

图 3.87 "语境"插件

首先，为格瑞比设定一个角色，并简单描述该角色的特点（图 3.88）。除此之外，还需要给这个角色起一个名字。这相当于为机器人准备各种身份面具，机器人佩戴对应的面具后即转化为相应的角色，如职业顾问、心理医生、新闻编辑、点子高手等。

图 3.88 角色创建积木

完成角色设定后，即可开始创建对话内容。如图 3.89 所示，新建一个名为"回复内容"的变量，以存储和显示语境机器人的回复。这里，我们先简单尝试一下，看看机器人会如何回应。

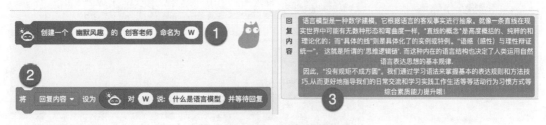

图 3.89 语境回答

掌握基本的使用方法后，我们构建一个简单的问答机器人，其角色设定为幽默风趣的创客老师 W。为了实现提问功能，使用"侦测"积木中的"询问并等待"积木，程序如图 3.90 所示，每次按下空格键即可触发该积木。

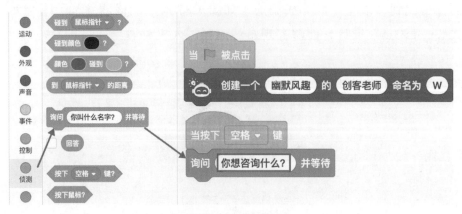

图 3.90　询问并等待

此时，按下空格键，即可看到舞台上的变化（图 3.91）。

图 3.91　舞台输入问题

接下来，我们将输入的问题提供给语境机器人，并等待其回复（图 3.92）。请在舞台的对话框中输入想提问的问题，输入完成后按回车键即可发送。

图 3.92　输入并获取回复

如果希望机器人的回复能够更简短，或有其他特殊要求，可以用图3.93所示积木设置规则，使语境机器人能够根据要求调整回答。

图3.93 设置回复规则

在语言模型的介绍中，我们了解到机器人的对话会受到上下文的影响。如果不希望在原有对话内容的基础上继续交流，可以使用图3.94所示积木进行对话重置。

图3.94 重置对话

🦉 **让格瑞比和你对话吧！**

掌握了语境机器人的使用，若还依靠文字来对话，那就太没意思了。此前，我们学习了语音识别和语音合成，那么接下来就让我们结合之前的内容，如图3.95所示，实现真正的语音对话！

图3.95 与机器人对话

除了用于对话，我们还可以将语境机器人用于翻译，如图3.96所示。

要注意的是，语音识别、语境机器人回复、语音合成均依赖网络，使用时会遇到延迟，体验时要保持耐心。

图 3.96　机器人翻译

🦉　与猜不透的灵魂斗智斗勇

通过深入体验上述案例，我们已经能够感受到语境机器人的智能水平。在使用过程中，通过为语境机器人赋予适当的角色，我们可以实现真正意义上的 AI 助理（图 3.97）。然而，语境机器人的功能远不止于此。除了提供资料查询和外文翻译等提高效率的服务，语境机器人还能够陪伴我们闲聊、玩玩小游戏，从而满足我们在娱乐方面的需求。

图 3.97　AI 助理

接下来，我们将与格瑞比玩个小游戏。在游戏开始前，格瑞比随机思考一个职业，但不告诉我们具体是什么。随后，我们提问 7 次，每次提问后，格瑞比仅用点头或摇头来表示"是"或"不是"（图 3.98）。我们的目标是在有限的提问次数内，尽可能缩小推理范围。完成 7 次提问后，告诉格瑞比我们的猜测，并由格瑞比告知我们是否正确，以及该职业的真实名称。

图 3.98 猜猜我的职业

话不多说，我们直接来看程序的编写，如图 3.99 所示。首先，通过按下空格键来启动游戏，每次启动时将名为"次数"的变量重置为 7，以便后续控制提问的次数。接着，重置对话并为格瑞比赋予身份——一位了解各种职业的游戏主持人。在正式开始游戏前，指示格瑞比构思一个职业，但不告诉我们，准备好后通过语音告知我们。同时，设置一个规则：在后续的提问中，格瑞比只回答"是"或"不是"。

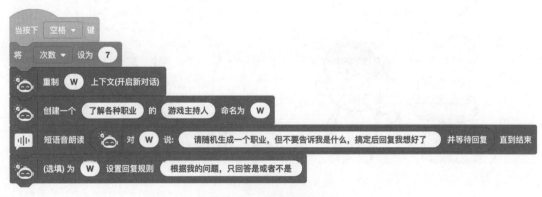

图 3.99 游戏规则设置

随后进入 7 次提问的环节，如图 3.100 所示。每次格瑞比都会询问："你想咨询什么？"根据我们的提问，格瑞比将通过点头或摇头来回答"是"或"不是"。每次回答后，变量"次数"的值都会递减，而格瑞比也会通过语音告知我们"还有 × 次"。

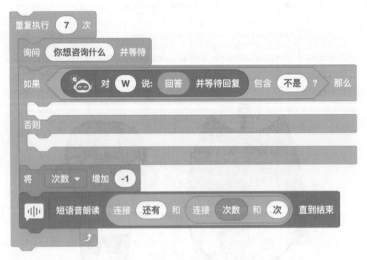

图 3.100　玩家提问环节

上述程序中暂未加入点头和摇头的控制部分。这是因为该部分较占篇幅，且在之前的案例中已多次使用，想必大家相当熟悉了。那么，有没有办法简化程序，优化那些重复但占用较大篇幅的代码呢？答案是肯定的。对此，我们可以引入函数的概念，即自制积木或子程序。函数是一种重要的结构，它允许我们将一段代码封装成独立的模块。通过调用该模块，程序能够快速执行特定任务，而无须重复编写相同的代码（图 3.101）。

图 3.101　函数的作用

在 Kittenblock 左侧菜单中找到"函数"积木栏，点击其中的"制作新的积木"。接着，在弹窗中为新积木命名，单击"完成"即可创建一个新积木（图 3.102）。

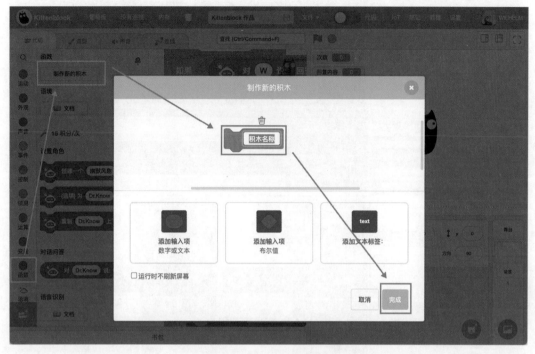

图 3.102　函数的新建

在此，我们新建两个名为"点头"和"摇头"的函数。函数的样式如图 3.103 所示：左边的是新建函数的积木，可放置在主程序中，供主程序调用；右边的则是新建函数的"帽子"，下方放置我们需要打包成函数的代码。

图 3.103　函数的样式

使用函数时，只需将要打包的程序放置于函数的"帽子"下方，然后将函数的积木放置在需要调用的地方（图 3.104）。这样，主程序显得更加简洁。对于一些复杂的程序，函数不仅可以被多次调用，其本身也可能非常复杂。在这种情况下，函数的优势将更加明显。

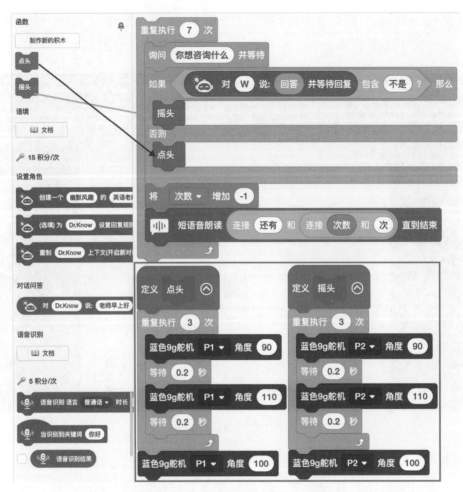

图 3.104　"点头"和"摇头"的函数

　　此外，单击函数"帽子"上的箭头，可以实现函数的折叠与释放，进一步优化程序的展示（图 3.105）。

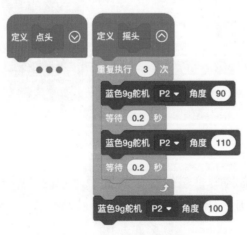

图 3.105　函数的折叠

完成 7 次提问后，格瑞比会询问我们答案，此时我们输入答案。要注意的是，之前设置了回答规则，格瑞比之只会回答"是"或"不是"。为了让回复更生动，我们告诉格瑞比解除前面的规则限制，随后告知我们猜测是否正确，以及随机生成的职业是什么（图 3.106）。

图 3.106 答案输入与判断

完整程序如图 3.107 所示。

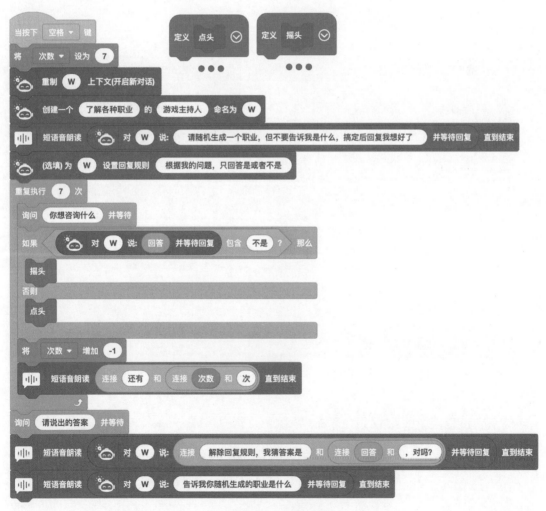

图 3.107 完整程序

第 **4** 章 大追击！
探寻图像秘密之旅

在之前的章节中，我们深入探讨了语音识别和语音合成的原理及应用，体验了与机器人进行自然流畅对话的乐趣。在本章中，我们将继续探讨人工智能的另一项关键技术——图像识别（图4.1），扩展我们的知识视野。下面，让我们开启"图像识别"的新旅程！

图 4.1　图像识别

图像识别作为人工智能领域的重要分支，正在深刻改变我们的生活方式。它赋予机器解读图像的能力，以识别、分析和理解图像中的信息。无论是社交媒体上的照片标签生成，还是自动驾驶汽车中的环境感知，图像识别技术都在其中扮演着至关重要的角色（图4.2）。

在本章中，我们将深入探讨图像识别的基本原理、关键技术及实际应用。我们将通过案例分析和实际操作，全面了解图像识别技术在物体检测、车牌识别、文字识别等多个领域的广泛应用。

图 4.2　图像识别的应用

4.1　格瑞比的图像识别大考验

图像识别作为人工智能领域的一项重要技术，经历了漫长而曲折的发展历程。从早期基于规则的方法到现代深度学习技术的崛起，图像识别技术的创新与进步，为我们的生活带来了诸多便利与惊喜。

早期发展阶段：基于规则的方法

在 20 世纪 60 年代至 80 年代，图像识别技术处于早期发展阶段。这一时期的图像识别主要依赖简单的图像处理技术和手工设计的特征提取器，通过提取图像的边缘、纹理等特征，对图像进行分类和识别，如图 4.3 所示。

图 4.3　基于规则的图像识别

如何理解这一时期的技术特点呢？我们可以参考人类对物体的认知，以篮球、足球和橄榄球为例（图 4.4），在忽略大小的情况下，首先可以通过轮廓进行区分：只有橄榄球的轮廓是非圆形的；其次，篮球和足球的表面纹理不同，一个光滑一个粗糙。

图 4.4 足球、篮球、橄榄球

尽管我们辨认的过程简单快速，但实际上是基于丰富的认知经验。如果计算机拥有同样丰富的知识库，并将所看到的图像与之匹配，也能够实现物体的识别（图 4.5）。

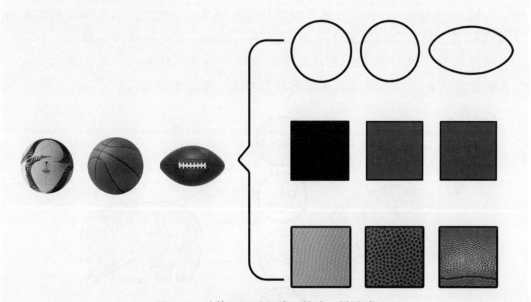

图 4.5 计算机识别足球、篮球、橄榄球

然而，这些方法通常只能处理简单图像，对于复杂的真实世界图像，识别效果有限。同时，环境的多变性如光照条件、观察角度和物体遮挡等因素，使得准确提取和识别特征极具挑战性。例如，在低光照条件下，篮球和足球的纹理不明显；而在特定视角下，橄榄球的轮廓也可能呈圆形（图 4.6）。尽管如此，这一阶段的探索为后来的图像识别技术奠定了基础。

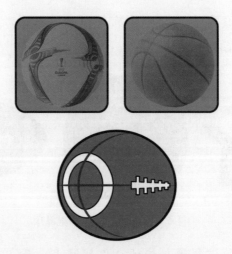

图 4.6　基于规则的方法的局限性

统计学习阶段：数据驱动的识别

到了 20 世纪 90 年代，图像处理技术取得了飞速发展。为了解决早期面临的问题，研究者们提出了一种新方法，即通过识别物体的局部特征来进行图像识别。这种方法的关键在于建立一个局部特征索引，包含从不同视角和环境条件下观察到的物体局部特征信息（图 4.7）。

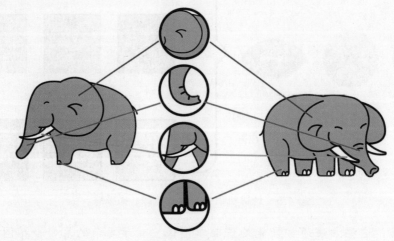

图 4.7　局部特征索引

局部特征指的是图像中一些小而独特的区域，如角点、边缘和斑点等，如图 4.8 所示。这些特征在图像的尺度、旋转和光照变化下具有一定的稳定性，非常适合用于图像识别。通过提取和比对这些局部特征，即使在不同的观察环境下，也能较准确地匹配目标物体。

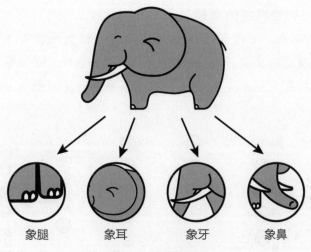

象腿　　　　象耳　　　　象牙　　　　象鼻

图 4.8　局部特征

随着统计学习理论的兴起，加之数码相机和互联网的发展，图像识别进入了新的发展阶段，研究者们开始利用大量数据来学习图像中的统计规律。机器学习被广泛应用于图像识别任务，以往基于规则的方法被取代。这种方法通过训练大量样本数据，学习图像中的特征表示（图 4.9），从而提高了识别的准确率。

图 4.9　基于机器学习的图像识别

深度学习阶段：神经网络的崛起

　　自 2010 年以来，深度学习技术的快速发展极大地推动了图像识别的进步。深度学习模型，尤其是卷积神经网络（CNN），能够自动学习图像中的层次化特征表示，大大提高了识别的准确率和抗干扰性（图 4.10）。

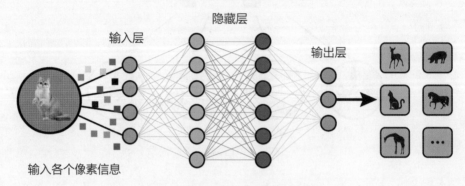

图 4.10　基于 CNN 的图像识别

　　深度学习技术的成功离不开大数据与计算资源的支持（图 4.11）。随着大规模图像数据集的建立与计算能力的提升，深度学习模型得以在海量数据上进行训练，提取出更加丰富的特征。这些特征不仅包含底层视觉信息，还融入了高层次的语义信息，使得图像识别系统能够更准确地理解图像内容。

图 4.11　大数据与计算资源

　　现今的图像识别系统不仅能识别图像中的物体、场景和人脸等基本信息，还能够理解图像中的情感和语义。例如，通过结合自然语言处理技术，图像识别系统可以实现图像与文本的跨模态检索和理解：系统可以根据文本描述找到相应的图像（图 4.12），或根据图像内容生成文本描述。

图 4.12　AI 找图

随着计算机视觉与其他领域的交叉融合，图像识别技术将在更多领域发挥重要作用。例如，在自动驾驶领域，图像识别能够帮助车辆感知周围环境并做出安全驾驶决策（图 4.13）。同时，图像识别技术还可以辅助医生进行疾病诊断和制定治疗方案。此外，通过引入强化学习技术，图像识别系统可在与环境的互动中不断学习和优化识别策略。

图 4.13　自适应学习

综上所述，图像识别技术的发展是一个不断探索与创新的过程。从早期基于规则的方法到现代深度学习技术，每一项技术突破都为我们带来了新的机遇与挑战。接下来，让我们一同了解图像识别的完整流程，如图 4.14 所示。

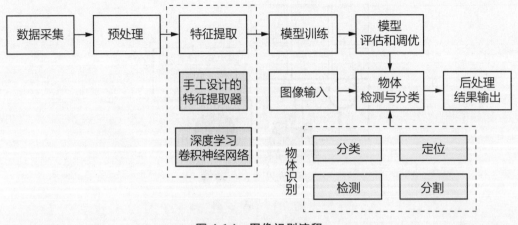

图 4.14　图像识别流程

（1）数据采集：图像识别首先需要采集图像数据集，这可以通过拍摄照片、从互联网下载图像或使用已有的图像库等方式实现。数据集的质量和多样性对于训练准确的物体识别模型至关重要。

（2）预处理：采集到的图像数据需要进行预处理，包括图像的缩放、裁剪、灰度化或彩色化及去噪等，以便更好地适应模型的输入要求。同时，还要进行数据标注，为每个物体提供标签，以便于监督学习。

（3）特征提取：从预处理好的数据集中提取有用的特征以表示图像内容。特征提取可以采用手工设计的特征提取器，进行边缘检测、角点检测和纹理特征提取等，也可以使用深度学习方法（如 CNN）自动学习图像特征。

（4）模型训练：在特征提取完成后，使用标注好的图像数据对模型进行训练。通常采用监督学习方法，通过输入图像和对应标签（类别或属性）来调整模型参数。常用的训练算法有支持向量机（support vector machine，SVM）、随机森林（random forest）、卷积神经网络等。

（5）模型评估和调优：训练完成后，使用准确率、召回率、精确率等指标来衡量模型的性能。如果性能达不到要求，可以通过调整模型结构、参数或使用更大规模的训练数据来改进性能。

（6）物体识别：在模型训练和调优完成后，可以使用训练好的模型对新的图像进行分类，确定物体类别。此环节涉及分类、定位、检测和分割四个基本任务，如图 4.15 所示。

· 分类：将输入的图像划分到预定义的类别中，如在图像分类中，模型区分图像是否包含狗、猫等识别对象。

· 定位：通过边界框，标出识别对象在图像中的位置和范围。

图 4.15　分类、定位、检测、分割

· 检测：结合分类和定位，在图像中识别和定位多个对象。通常输出一系列带有类别标签的边界框，每个框都对应图像中的一个对象实例。

· 分割：将图像划分为多个部分，这些部分通常对应不同类型的识别对象。与检测相比，分割提供了更精细的对象轮廓和更详细的位置信息。

通过组合和优化这些任务，可以实现对图像中物体的全面理解和识别。

（7）后处理和结果输出：对识别结果进行后处理，如使用非极大值抑制（NMS）来消除重叠框、滤除低置信度的检测结果等。最终输出物体识别结果，通常包括物体类别和位置的信息，有时也会输出置信度分数以表示识别的可靠程度。

🐱　**能源危机！寻找电能**

在我们的日常生活中，无论是常用的电子设备还是各类机器人，都离不开电能的支撑。它们通过电线从供电电路获取电能，或者依赖电池存储电能。如果想要让设备脱离电线的束缚，电池便成了唯一的电源（图 4.16）。那么，格瑞比能否识别出哪些是电池呢？

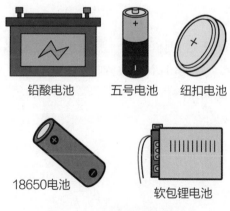

铅酸电池　　五号电池　　纽扣电池

18650电池　　　软包锂电池

图 4.16　各种样式的电池

为了使机器人能够识别物体，我们需要应用图像识别相关技术。在"添加扩展"中，找到并添加"图像识别"插件（图 4.17）。

图 4.17　"图像识别"插件

使用"视频侦测"拍摄到的画面是左右镜像的，使用"图像识别"之前要先开启摄像头镜像（图 4.18），顺便让格瑞比的头保持正立状态。

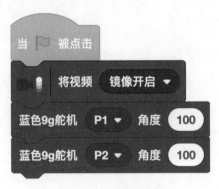

图 4.18　镜像开启

按下空格键后，即可开始物体识别。图像识别类型多种多样，这里选择"通用物体"进行识别。如果需要更具体的识别类型，还可以选择果蔬、植物、菜品、动物、汽车等选项（图 4.19）。

图 4.19　图像识别类型

　　在左侧的积木栏中，勾选"图像识别结果"，以便在舞台上直接呈现识别结果（图 4.20）。此时，将摄像头对准被识别物体，最好使被识别物体占满整个舞台，然后按空格键开始识别。与人脸和语音识别一样，识别过程的数据采集在本地完成，接着上传至云端 AI 平台进行分析，再将结果返回本地。

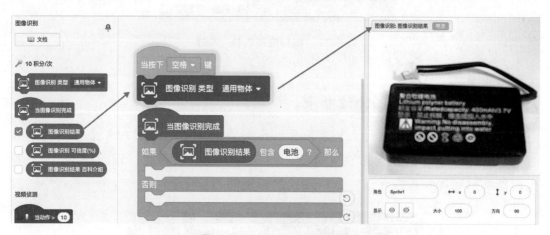

图 4.20　图像识别结果显示

　　在上述示例中，被识别物体为锂电池。一旦识别成功，格瑞比便可依据识别结果执行相应的动作：如果识别结果中包含电池，格瑞比会点点头；如果不包含，格瑞比会摇摇头（图 4.21）。这种简单而有效的反馈机制使得格瑞比能更好地与用户互动并提供实时反馈。

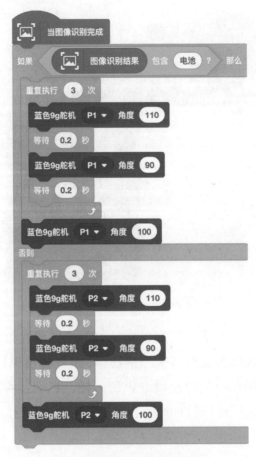

图 4.21　识别电池的执行程序

🦉 真假风波！被欺骗的格瑞比

我们常说"眼见为实"，但实际上，眼见真的一定为实吗？未必如此。人类有时会看错东西，甚至会被视觉欺骗（图 4.22）。既然如此，现阶段的 AI 是否也可能被欺骗呢？现在来试一试格瑞比的识别能力！

图 4.22　视觉欺骗

在之前的知识中，我们了解到后处理和结果输出是图像识别的最后环节，其中的结果输出还包含了可信度的判定。就像在生活中，有些人会给出推测性的语句，如"我觉得八成是交通意外导致的堵车。"如图 4.23 所示。与此类似，在本案例中，我们希望 AI 不仅提供识别结果，还给出该结果的可信度。

图 4.23　概率推测

现在，我们考验一下 AI 的识别能力。我们知道，有些写实的图画和雕塑可以做得栩栩如生。我们使用实物、图画和雕像来测试图像识别能力。这里选择"猫咪"作为实验对象，我们通过网络分别收集了真实猫咪的照片、猫咪的画作，以及猫咪的雕像。我们将这些图片保存到计算机中，并分别命名为"猫咪""猫咪雕像"和"猫咪画像"（图 4.24）。

猫咪.jpeg
800×533

猫咪雕像.jpeg
650×711

猫咪画像.jpeg
639×446

图 4.24　猫咪图片

接下来，我们将这些图片作为角色上传（图 4.25）。

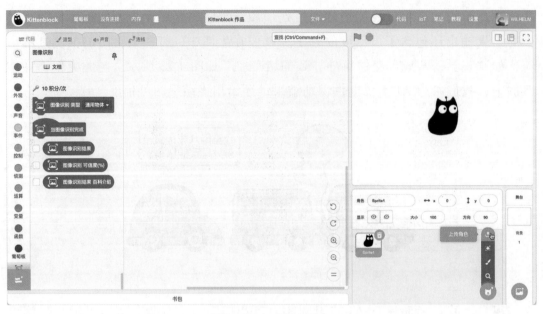

图 4.25　角色上传

上传后，在新角色中点击"造型"卡片，进入造型的编辑区（图 4.26）。随后点击下方的"转化为矢量图"，准备对角色做进一步处理。

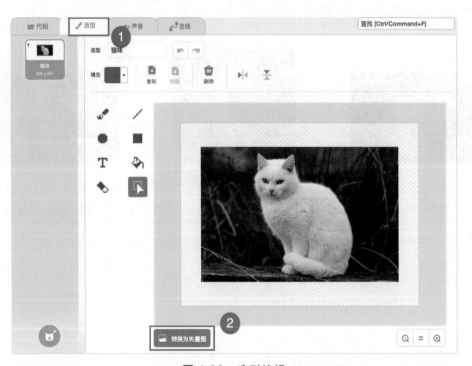

图 4.26　造型编辑

转化为矢量图后，我们可以调整角色图片的大小（图 4.27）。为了增加迷惑性，我们将图片放大至占满整个区域。

图 4.27　矢量图调节

现在，我们完成了新角色的上传。如果想增加更多用于识别的图片，可以在角色中创建不同的造型，而不是创建多个角色。现在，我们在猫咪的角色造型中，上传"猫咪画像"和"猫咪雕像"图片（图 4.28）。完成后，左侧会显示该角色的所有造型。请对新添加的造型进行同样的矢量图处理。

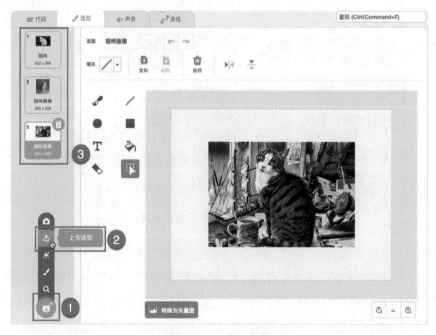

图 4.28　造型上传

完成上述步骤后，我们在外观的众多积木中找到并拖拽出"换成 × × × 造型"积木（图 4.29）。通过该积木的下拉菜单，可以切换角色的造型。

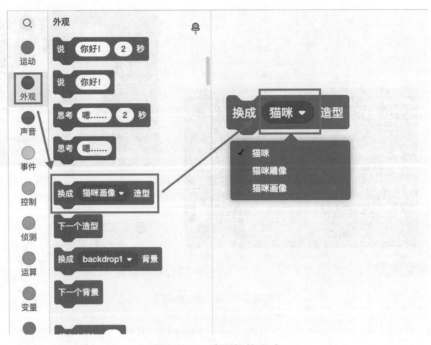

图 4.29　造型切换积木

接下来，勾选"图像识别结果"和"图像识别可信度（%）"（图 4.30），并组合出需要的程序，开始对角色进行识别。

图 4.30　图像识别可信度积木

现在，让我们看看实际的识别结果。可以发现，格瑞比的识别能力相当出色，如图 4.31 ~ 图 4.33 所示。对于真实照片，识别结果准确，可信度很高；而对于画像，虽然识别的结果是猫咪，但可信度不高，格瑞比似乎对此表示怀疑；对于雕像，格瑞比则将其识别为玩具，并表现得非常肯定，看来格瑞比没有被欺骗！

图 4.31 "猫咪"的识别结果

图 4.32 "猫咪画像"的识别结果

图 4.33 "猫咪雕像"的识别结果

完成测试后，我们进一步优化程序，如图 4.34 所示。首先判断识别结果是否包含"猫"这个字眼：如果包含，则继续判断可信度；如果不包含，则直接认定"不是真猫"。

图 4.34　真假猫咪的判断逻辑

最终程序如图 4.35 所示。如果识别出猫咪且可信度较高，格瑞比的眼睛会发白光，并肯定地说："这是一只猫咪！"如果识别出猫咪，但可信度不高，格瑞比的眼睛会发黄光并说："这看起来是猫咪，但我还是很怀疑。"若未识别出猫咪，格瑞比的眼睛会发红光并说："这肯定不是猫咪，骗不了我！"

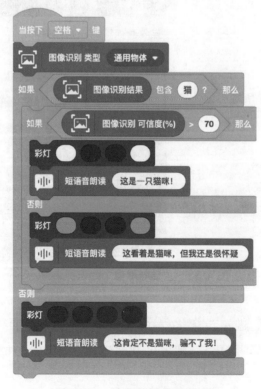

图 4.35　真假猫咪最终程序

运行程序后发现，格瑞比的识别无懈可击，竟然没有被任何假象欺骗。大家不妨在网络上搜索更为逼真的图片素材，看看能否成功迷惑格瑞比。同时，这一方法也可以用来判断写实类艺术作品的真实感哦。

超进化！见多识广的格瑞比

在上一个案例中，格瑞比成功化身为写实艺术作品"品鉴大师"。而这次，我们将让格瑞比再次进化，成为博学的知识百科博主：遇到未知物品时，只需给格瑞比展示一下，它便能够识别，并告知我们该物品的相关信息（图4.36）。

图 4.36　格瑞比 + 百度百科

该功能的实现原理并不复杂。当我们知道某样物品的名称后，可以通过搜索引擎和相关软件查询资料。同样，AI 也可以通过网络进行知识检索。在获取图像识别结果后，格瑞比会自动在百度百科等平台上搜索相关资料，最终将这些信息以文本形式反馈给用户。通过勾选对应的积木，可以在舞台上观察到识别结果的相关资料（图4.37）。

图 4.37　"百科介绍"积木

接下来，我们结合语音识别，让格瑞比识别一些物体并讲解相关知识。首先，按下空格键启动图像识别，待识别结果返回后，格瑞比会说"这是 ×××"。如图 4.38 所示，这里要使用"连接"积木，该积木位于"运算"类别下，可以用来连接两个字符串。随后，格瑞比的头部会向侧上方抬起，眼睛的光芒消失，仿佛在沉思。

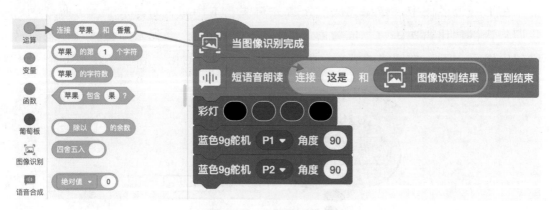

图 4.38 连接积木的使用

完成百科资料查询后，格瑞比会睁开眼睛，头部回到正立状态，随后开始向我们介绍所识别物品的相关信息（图 4.39）。

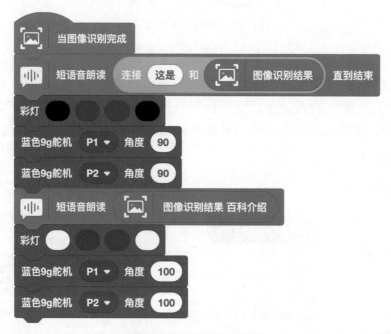

图 4.39 识别结果播报

这个程序非常简单，原理也好懂。借助这种方法，格瑞比能够帮助我们识别更多物品。进一步来说，通过对图像识别的深度开发，以及各种数据库的建立，我们可以显著提升学习、生活和工作的效率（图 4.40）。例如，在学习过程中，可以拍照查询问题，减少翻看资料的时间；网上购物时，通过图像识别快速找到类似商品；在工作中，借助截图检索，迅速找到所需素材或资料等。

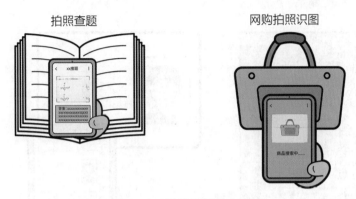

图 4.40　图像识别的应用

4.2　让格瑞比识别图案上的文字

　　文字识别，学名"光学字符识别"（optical character recognition，OCR），是一项利用光学技术和计算机技术将纸面文字读取并转换成计算机可接受且人类可理解的格式的技术（图 4.41）。OCR 的核心目的是实现文字的高速录入，是信息处理和计算机输入技术的重要分支。

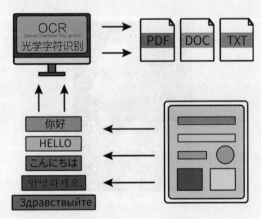

图 4.41　文字识别

　　文字识别技术的发展经历了多个阶段，从最初的机械和光学原理识别，到后来的计算机图像处理，再到如今的深度学习，技术不断进步，识别的准确率和效率也随之提升。现今，文字识别技术广泛应用于文档数字化、手写文字录入、证件及票据识别、车牌识别等多个领域（图 4.42）。让我们一同回顾这段发展历程。

图 4.42 文字识别的应用

文字识别技术的起源可以追溯到 20 世纪初，其中，印刷体文字识别技术的发展最早且最为成熟。早在 1929 年，奥地利天才工程师古斯塔夫·陶谢克（Gustav Tauschek）（图 4.43）就在德国获得了一项光学字符识别设备的专利——这标志着文字识别技术的初步形成，并于 1935 年再次在美国取得专利。

图 4.43 古斯塔夫·陶谢克（1899—1945）

古斯塔夫·陶谢克的光学字符识别设备是一个机械阅读机，如图 4.44 所示。它利用光电探测器 5 与相匹配的模板进行操作。当包含文本的图片从阅读机的窗口 1 前经过时，比较装置 6（一个带有字母和数字形状孔的圆盘）在窗口1前的物镜3内侧旋转。当图片上的文本与比较装置6上的字母形状孔匹配时，机器会旋转打印滚筒到相应的字母位置，将该字母打印到一张纸上。

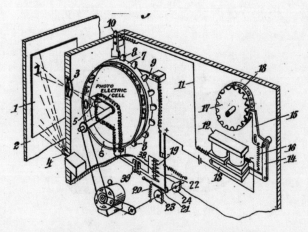

图 4.44　古斯塔夫·陶谢克的阅读机

　　自 20 世纪 60 年代起，欧美国家为了将大量报刊和文件资料录入计算机进行信息处理，广泛开展了西文 OCR 技术的研究（图 4.45）。随着计算机技术的飞速发展，OCR 技术开始向商用领域迈进。

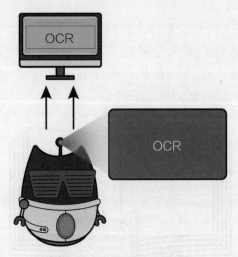

图 4.45　计算机技术的结合

　　与此同时，针对印刷体汉字的 OCR 技术研究也逐渐兴盛。这项研究基于印刷体数字识别与英文识别的基础，最早可以追溯到 20 世纪 60 年代。在 1979 年至 1985 年间，国内少数研究单位对汉字识别方法进行了探索，发表了一些论文，并研发了一些模拟识别软件和系统。

自 1986 年起，印刷体汉字识别的研究迎来了高潮，清华大学电子工程系和中国科学院计算所智能中心等多家单位相继开发出实用化的汉字识别系统。这一阶段采用数字图像处理与模式识别技术，系统可处理更复杂的文档格式，提高了识别的准确率和速度（图 4.46）。

图 4.46 汉字的识别

进入 21 世纪后，随着深度学习与神经网络技术的发展，OCR 系统取得了巨大进步。基于深度学习的文字识别模型能够自动学习并提取图像中的特征信息，大幅提升了字符识别的准确率和抗干扰性。此外，随着移动端设备的普及和大数据技术的应用，OCR 逐渐实现了云端化、实时化和个性化。

如今，文字识别技术不仅支持多种语言文字的识别（如中文、英文、日文、法文等），还可以识别手写文字并将其转化为可编辑的电子文档。此外，文字识别技术还与语义分析、图像识别等技术结合，实现了在自动翻译、智能搜索等领域的复杂应用（图 4.47）。

图 4.47 文字识别翻译

文字识别的主要原理是将图像中的文本区域提取出来，并将提取的文本转换为可编辑的文本。这个过程包含了图像预处理、版面处理、字符分割、字符识别、后处理等步骤，如图 4.48 所示。

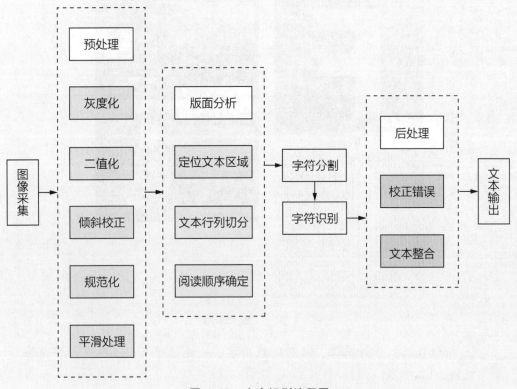

图 4.48　文字识别流程图

（1）图像采集与预处理：通过灰度化、二值化、倾斜校正、规范化和平滑等操作，消除图像中的干扰因素，使文字更清晰，以便更好地提取文本区域。

· 灰度化：将采集的彩色图像转换为灰度图，以滤除干扰信息，如图 4.49 所示。

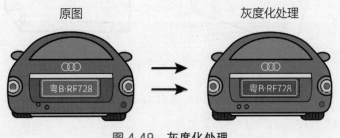

图 4.49　灰度化处理

- 二值化：将灰度图转换为二值图，仅包含黑色（1）和白色（0），如将背景用"0"表示，文字部分用"1"表示，如图 4.50 所示。

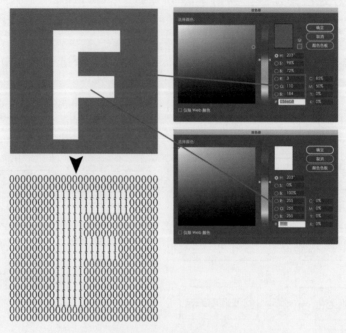

图 4.50　二值化处理

- 倾斜校正：分析图像，识别偏斜角度，并进行校正，以确保文字直立，如图 4.51 所示。

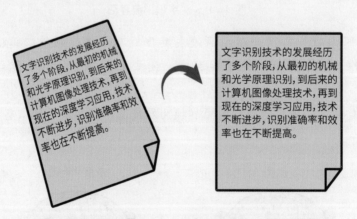

图 4.51　倾斜校正

- 规范化：对输入文字进行统一处理，包括位置、大小、粗细，使其符合识别标准，如图 4.52 所示。

规范位置前 → 规范位置后

规范大小前 → 规范大小后

图 4.52 规范化

· 平滑处理：去除噪声干扰，使笔画的边缘平滑，使得识别更精确，如图 4.53 所示。

图 4.53 平滑处理

（2）版面分析：如图 4.54 所示，目标是定位文本区域、切分文本行列和确定阅读方向等，以便后续的文字识别处理。定位文本区域使用图像分割和边缘检测等算法，这些算法可以根据文本的特征，如颜色、纹理、形状等，将文本区域与其他区域进行区分。

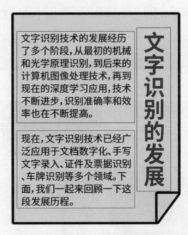

图 4.54 版面分析

（3）字符分割：检测到文本区域后，将每个字符从文本行中分割出来，如图 4.55 所示。这可以使用分割算法，如基于投影的方法或基于连通组件的方法。

图 4.55　字符分割

（4）字符识别：对分割后的字符进行识别，如图 4.56 所示。这可以使用机器学习算法，如基于模板的方法、基于统计的方法或深度学习方法。这些算法会将字符与预先训练的字符模型进行比对，以确定每个字符的最佳匹配。

将　每　个　字　符

将　每　个　字　符

图 4.56　字符识别

（5）后处理与结果输出：进行校正错误、合并字符等操作，提高识别结果的准确性，使识别的字符转换为可编辑的文本输出到所需的应用程序中。

🦉　传说中的宝藏：璿璣宝匣？

对于现代计算机，记录庞大的文字数据库并不算难事。即使是那些千奇百怪的字符，通过文字识别技术也能轻松辨识。然而，人类的记忆能力相对有限，通常只能记住常用字和少量生僻字。

正好，我们面前有一个宝箱，上面印着"璿璣宝匣"四个字（图 4.57）。虽

图 4.57　璿璣宝匣

然能够认出"宝匣"，但"璿"和"璣"这两个字太生僻，不仅无法念出，且不清楚其含义。那么，有没有什么办法来解决这个问题呢？

借助"文字识别"插件（图4.58），可以识别舞台图像或网络URL中的图像，并获取相应的识别文本。

图4.58 "文字识别"插件

"文字识别"插件目前支持两种文字识别模式：标准模式和精准模式（图4.59）。这两种模式支持的语种和调用的积分数不同。对于中文和英文的普通识别，标准版通常能够满足需求。

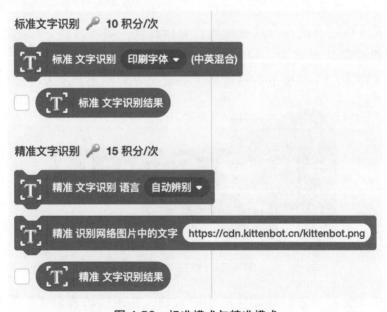

图4.59 标准模式与精准模式

"标准文字识别"积木有印刷体字识别和手写体识别两个选项（图 4.60），能够识别照片上的所有文字。同时，勾选"标准文字识别结果"，可以在舞台上直接看到识别结果。

图 4.60　"标准文字识别"积木

如果需要识别的字体较少且在画面中相对集中，建议让要识别的文字占满整个舞台，这样摄像头捕获的文字会更加清晰，识别成功率会更高（图 4.61）。

图 4.61　"璿璣宝匣"识别结果

接着，就可以结合语音合成和语境，直接查询"璿璣宝匣"的念法和意思了。为此，我们将格瑞比设定为一位博学的汉语言专家，命名为"Dr. W"，并重置对话上下文（图 4.62）。按下空格键后，格瑞比眼睛发光，进入设定角色的状态。

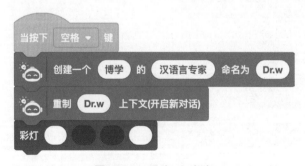

图 4.62　设定 AI 角色

随后，格瑞比开始进行印刷体的实时识别，并通过语音合成告诉我们识别的词语如何发音及具体含义（图 4.63）。在所有内容播报完成后，格瑞比的眼睛光效关闭。

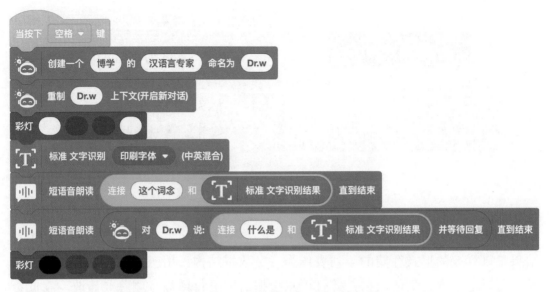

图 4.63　"璿璣宝匣"识别程序

🐱 解读便签上的神秘留言

随着科技的发展和应用需求的提升，手写体识别的研究逐渐受到关注。手写体识别技术面临的挑战在于，个人的书写习惯、风格和速度等因素，都可能影响手写文字的形状和结构（图 4.64）。这使得手写体识别技术相较于印刷体识别技术更加复杂。

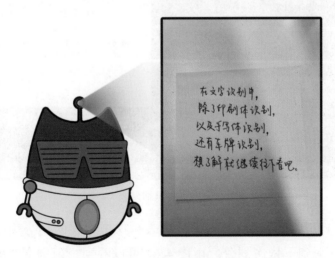

图 4.64　手写体识别

接下来，我们尝试进行手写体识别。先拿出一张纸，在上面写几行字，确保字体工整，并尽量避免连笔书写。写好后，打开舞台摄像头的镜像功能，确保纸上的文字能够完整、清晰地显示在舞台上，然后开始识别（图 4.65）。

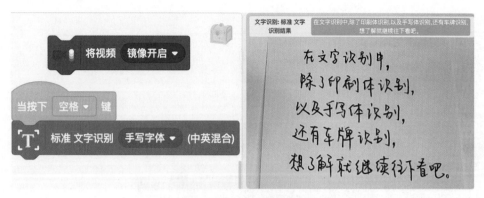

图 4.65　手写体识别

在舞台上，我们可以看到识别结果是一整段文字。然而，实际上，这些识别结果是以列表的形式存储的。列表作为一种数据结构，用于存储多个元素。这些元素可以是不同类型的数据，并且可以根据需要进行增添、删除或修改。在此，我们先新建一个列表并为其命名，如图 4.66 所示。

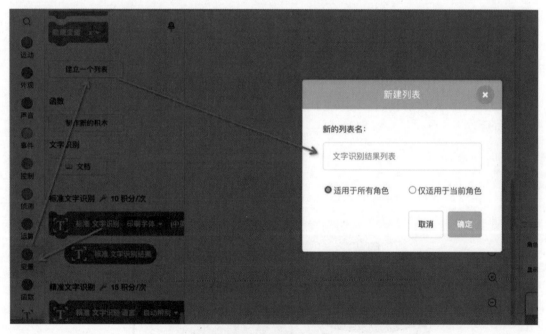

图 4.66　文字识别列表

随后，将文字识别结果赋值给新建的列表。这个列表的划分规则是，根据识别内容的行数，从上到下依次划分。由图 4.67 可以看到，识别文字的不同行按顺序划分在列表的不同项中。

通过列表结构，我们能够方便地获取对应行的文字信息（图 4.68）。这样一来，当识别的画面包含多行时，我们可以轻松提取目标位置的文字信息。

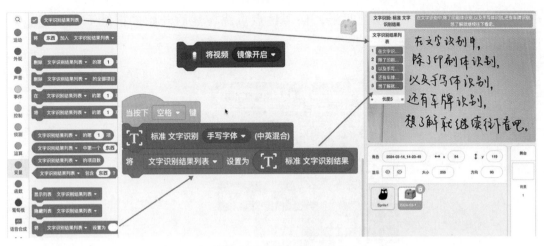

图 4.67 列表赋值

图 4.68 列表项读取

识别完成后，格瑞比的双眼会闪烁发光，此时我们可以试着询问它是否看懂了。程序如图 4.69 所示，格瑞比接收到我们的询问后，会首先判断文字识别结果是否包含内容：如果有内容，则判定为"真"，并继续执行后续步骤；如果没有内容，则不执行任何操作。

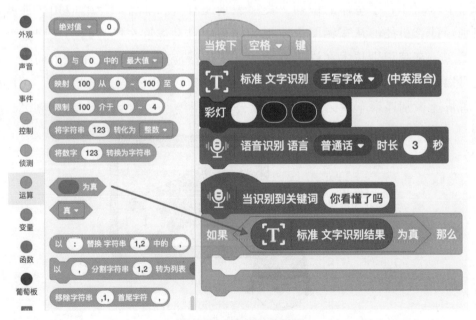

图 4.69 识别结果判断

当识别结果为"真"的时候，格瑞比点点头，然后开始播报纸上的文字。完整程序如图 4.70 所示。

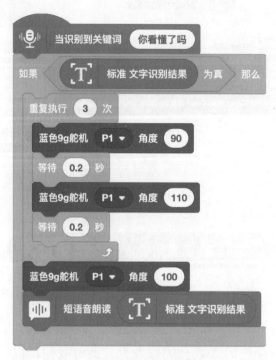

图 4.70　文字识别的完整程序

🦉 揭秘！车牌里的"暗号"

除了印刷体和手写体的识别，文字识别还有一项非常广泛的应用，那就是车牌识别。计算机能够从车辆图像或视频序列中自动读取车牌号码、车牌类型及颜色等信息。车牌识别技术在许多领域得到了广泛应用。例如，在停车场中，车牌识别可以实现自动计费和车辆进出控制（图 4.71）；在交通管理领域，它可以帮助交警快速识别违章车辆，或用于高速公路收费等。

图 4.71　车牌识别

下面，我们使用"车牌识别"插件（图4.72），编写一个停车收费程序。在该程序中，格瑞比将充当智能收费员，记录车牌号及对应的出入场时间。

图4.72 "车牌识别"插件

在正式编写程序前，我们先准备两张停车场出入口标识牌的图片（图4.73和图4.74），并将其作为新角色上传。

图4.73 停车场入口　　　　图4.74 停车场出口

接着，我们还需要几张车牌的图片（图4.75），可以在网络上寻找并打印出来，用于后续的识别。

图4.75 车 牌

完成准备工作后，我们开始编写第一个程序，也就是停车场的进场识别程序。首先，点击"入口"角色，调整角色大小，并将角色移动至舞台的角落（图4.76）。

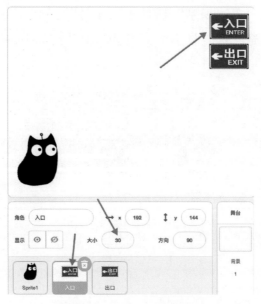

图 4.76　"入口"角色调节

接下来，找到"当角色被点击"积木（图 4.77）。这个积木的作用是，当角色在舞台上被点击后，会触发后续的执行动作。也就是说，我们可以通过点击"入口"这个角色来模拟车辆行驶至停车场闸机。点击角色后，格瑞比的双眼会发出高亮白光，摄像头镜像开启并开始车牌识别。

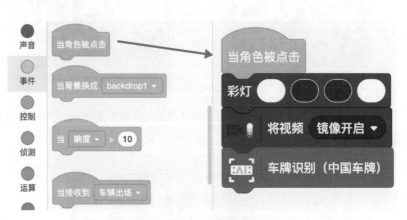

图 4.77　当角色被点击

停车场的闸机通常配有补光灯，以照亮车辆及车牌，提升识别率（图 4.78）。而格瑞比的双眼亮光就是在模拟这种效果。

图 4.78　停车场闸机补光灯

完成车牌识别后，我们需要记录车牌信息和进场时间。这里使用之前学习的列表。新建两个列表，一个叫"车牌"，用于记录识别的车牌号码；一个叫"入场时间"，用于记录对应车牌的入场时间（图 4.79）。

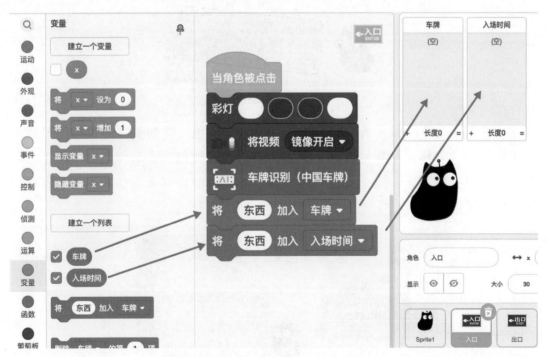

图 4.79　列表"车牌"与"入场时间"

将识别到的车牌号码放入"车牌"列表，同时对应的入场时间放入"入场时间"列表。时间使用"计时器"获取，入场时记录一次，出场时再记录一次，通过差值便可计算停车时长（图 4.80）。完成两者的记录后，格瑞比关闭灯效。

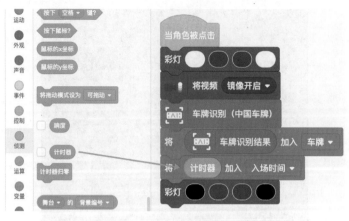

图 4.80　添加"计时器"积木

现在运行程序，分别完成 3 张车牌的录入（图 4.81），看看效果吧！

图 4.81　车牌录入

完成 3 张车牌的录入后，我们点击"出口"角色，开始编写出口程序。依然先调整大小，并移动至舞台角落。出场动作与入场类似，点击"出口"角色也能触发车辆出场的动作（图 4.82）。同样，出场时格瑞比双眼发白光，并开启摄像头进行车牌识别。

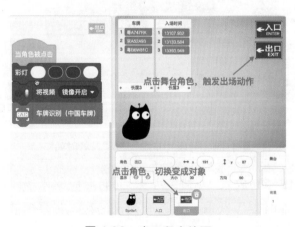

图 4.82　出口程序编写

由于车牌号与入场时间是一一对应的，当"出口"识别车牌后，我们可以通过检索相应的车牌号，获取入场时间。随后，通过计时器的实时读数减去入场时间，计算车辆在停车场中的停留时间（图4.83）。

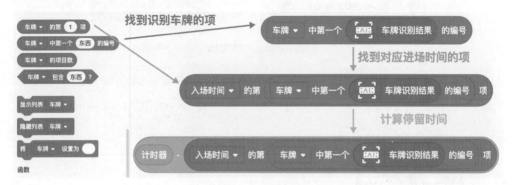

图 4.83　计算停留时间

完成停留时间计算后，使用一个变量记录该结果。要注意的是，这个变量应该被称为"全局变量"，用于所有角色，而不仅限于"出口"角色。自带变量"x"就是一个全局变量，可以直接使用，如图4.84所示。

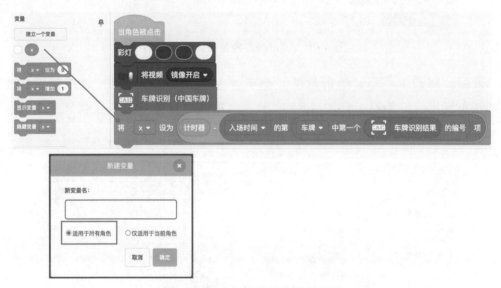

图 4.84　全局变量记录停留时间

记录完成后，格瑞比的灯光关闭，同时广播一条信息。广播的作用在于实现角色之间的互动，这本质上是程序的事件触发机制。当某个角色进行广播时，其他角色可以根据接收到的信息来执行相应的操作或响应。这使得不同角色之间能够传递消息、协调行动，实现更复杂的程序逻辑。

为此，我们在事件中找到相关的积木，并且在下拉菜单中单击"新消息"，实现消息的新建与命名（图4.85）。

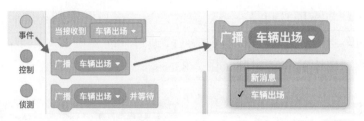

图 4.85　广播消息

在"出场"角色的程序中，格瑞比关闭灯光，代表停留时间计算已完成，随即广播"车辆出场"的消息，以通知主程序进行收费，如图 4.86 所示。

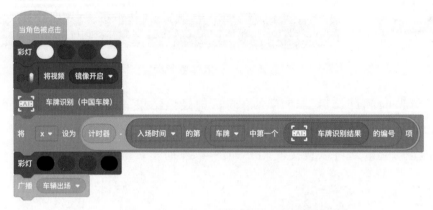

图 4.86　"出场"角色的完整程序

最后，回到主程序，单击角色"小喵"，并且拖曳接收到广播的触发积木，选择"车辆出场"消息，如图 4.87 所示。该角色的程序只有在接收到"出场"角色发出的广播后，才会执行。

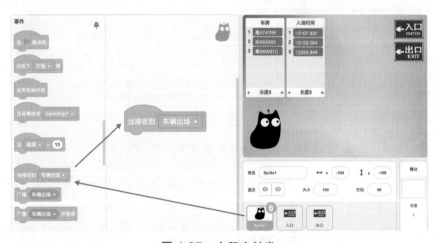

图 4.87　主程序触发

接下来，我们处理停留时间。根据一般停车收费的方法，如果超出 2 小时但未满 3 小时，则按 2 小时计费，即向下取整。当停车时长带有小数时，我们只需保留整数部分。为此，在运算中找到并拖曳出"绝对值"积木，在下拉菜单中选择"向下取整"，将变量"x"放入其中，如图 4.88 所示。

图 4.88　向下取整

随后，让格瑞比播报停车时长和缴费金额，如图 4.89 所示。这里可使用"阻塞式语音朗读"，朗读内容可通过多个"连接"积木组合。停车费用计算用停留时间除以 10 来实现。

图 4.89　播报停车时长和费用

播报完成后，格瑞比双眼发黄光，表示处于等待支付的状态。随后，舞台上的"小喵"显示待支付的金额。我们通过键盘输入数字，再按下回车键确认，模拟支付过程，如图 4.90 和图 4.91 所示。

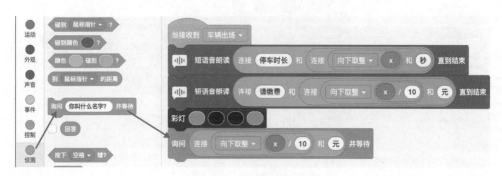

图 4.90　缴费模拟程序

图 4.91　缴费模拟

完成输入并按下回车键后，系统会判断输入金额与应缴金额是否相等：若相等，格瑞比双眼会亮绿灯，表示放行；若不相等，则亮红灯，表示不放行（图 4.92）。同时，亮绿灯后要删除车牌号和对应的入场时间记录（图 4.93）。应注意，必须先删除对应的入场时间，后删除车牌号，这样才能确保系统判断准确。

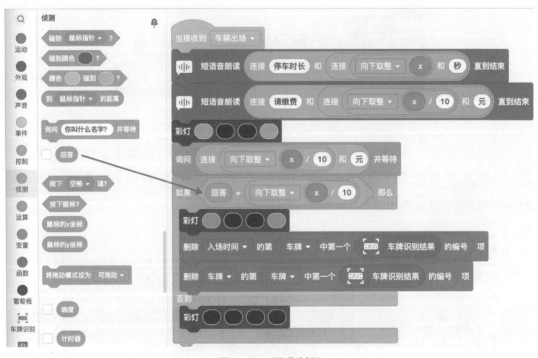

图 4.92　缴费判断

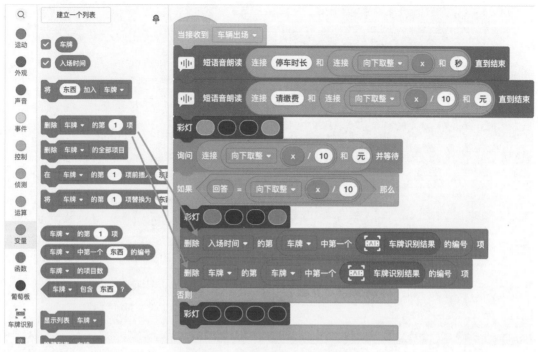

图 4.93 删除车牌号和入场时间

要强调的是，我国车牌的颜色和字符都有着特定含义（图 4.94）。例如，车牌的首个字符是汉字，代表车辆登记的省级行政区（省、自治区、直辖市）；第二个字符是英文字母，表示车辆登记的地级行政区（地级市、地区、自治州、盟）。

除此之外，车牌的颜色也有特殊含义，如图 4.95 所示。结合对车牌号码及颜色的识别，我们可以进行更多关于车牌识别的案例研究。

图 4.94 车牌所属地区　　　　图 4.95 车牌颜色的含义

第 5 章

进击！
打造更智能的格瑞比

在第 2 ～ 4 章中，我们基于 Kittenblock 的 7 个 AI 插件，体验了多种人工智能应用，包括人脸识别、语音识别、语音合成、生成式对话、图像识别和文字识别。同时，我们还对这些技术的发展、原理及实施流程进行了学习。

在本章中，我们将专注于人工智能程序的设计，以便更灵活地运用这些 AI 插件，并结合硬件体验有趣的案例。此外，我们还将探索机器学习的基本原理。

本章的所有案例将围绕"机器学习"插件展开，如图 5.1 所示。"机器学习"插件是 Kittenblock 众多 AI 插件之一，基于 ml5.js 实现，依托本地模型运行，无须联网。

图 5.1 "机器学习"插件

ml5.js 是构建在 TensorFlow.js 之上的机器学习算法库（图 5.2），专注于处理 GPU 加速的数学运算和内存管理，旨在为广大开发者和学生提供友好、易用的工具和接口。

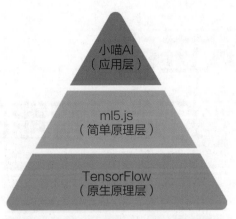

图 5.2　Kittenblock 的人工智能插件

5.1　大展身手：姿态检测全攻略

姿态检测是从图像或视频中检测人体姿态的技术。常常采用深度学习模型，通过训练大量标注数据来学习人体关键点的位置和姿势信息，从而实现精准的姿态检测。这项技术在许多领域有着广泛的应用，主要包括以下几个方面。

（1）姿势识别和跟踪：姿态检测可用于识别和跟踪人体的姿势，这在动作捕捉、体育分析和人机交互等领域具有重要意义。例如，在体育比赛中，姿态检测可用于运动员的动作技术和姿势分析（图 5.3），从而协助教练和运动员改进训练和比赛策略。

图 5.3　投篮姿势分析

（2）动作捕捉与姿势生成：姿态检测还可用于生成逼真的人体姿势和动画，如图5.4所示。通过捕捉人体关键点的位置和动态姿势信息，可以创造出真实感极强的人体动画，这在电影、游戏和虚拟现实等领域。

图5.4　动作捕捉

🦉 用手臂隔空转动格瑞比

基于姿态检测技术，我们可以实现多种交互方式，如通过手臂动作来操控格瑞比的头部朝向（图5.5）。当我们在摄像头前举起左手时，格瑞比会看向左手方向；如果举起右手，则转向右手方向；如果同时举起左右手，则抬头。

图5.5　用手臂转动格瑞比

在开始之前，我们将摄像头正对自己，并开启摄像头。注意，这里不是镜像开启。此时的舞台就像一面镜子，操作会更加符合我们的直觉。

接着，初始化姿态检测，设置舞台显示姿态骨骼的描点（默认不显示），并不断进行人体姿态检测，程序如图5.6所示。

运行程序后，当我们出现在舞台上时，便可看到姿态检测的描点和骨架（图5.7）。我们可以举举手或者抖抖肩，看看效果；也可以站远一些，体验全身的姿态检测。

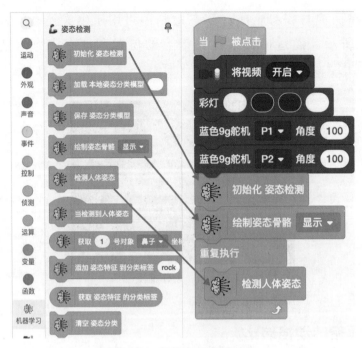

图 5.6　人体姿态检测程序

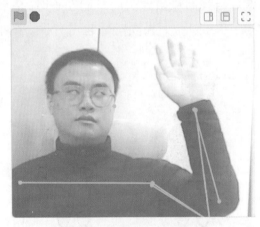

图 5.7　人体姿态检测效果

　　参考之前的人脸追踪案例，我们根据鼻子在舞台坐标系上的 x 坐标来判断头是左转还是右转。这里，位置判断的对象变为左右手腕的 y 坐标，如果 y 坐标大于阈值，则视为其对应的手臂举起。经过实测，我们选取 20 作为 y 坐标的判断阈值。程序如图 5.8 所示。

　　通过比较预算以及逻辑运算，我们组合出了 4 种手臂姿态，程序如图 5.9 所示。格瑞比根据左右手腕的位置，调节自己的头部朝向。要注意的是，当我们举起右手时，格瑞比实际要看向它自己的左边；我们举起左手时，格瑞比看向它自己的右边；我们举起双手，格瑞比直接抬头。

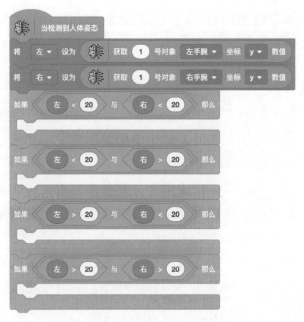

图 5.8 左右手臂姿态判断程序

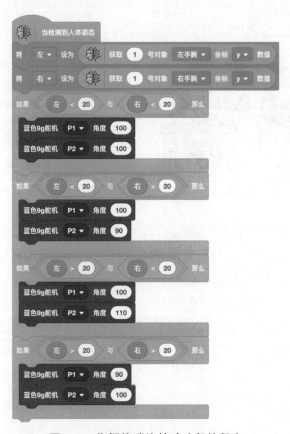

图 5.9 指挥格瑞比转动头部的程序

完成编写后，运行程序，当我们上半身完整出现在舞台上时，分别举起左右手臂，看看能不能指挥格瑞比转动头部。

🦉 我的姿态调整日记

前面提到过，姿态检测可用于运动分析、动作捕捉等，主要通过观察姿态来调整动作。然而，这些应用在普通人的生活中并不常见。那么，我们能否进一步畅想一些更贴近实际生活场景的应用呢？

例如，姿态纠正。不良的桌椅或坐姿一直在影响着青少年的身姿，是驼背、高低肩等问题的根源。我们可以对日常坐姿进行实时监测与评估，帮助青少年纠正不良坐姿，如图 5.10 所示。

判断坐姿是否保持直立，最直观的方法就是比较左右肩的位置。如果坐姿端正，左右肩基本保持水平，高低差不明显。然而，一旦坐姿开始歪斜，左右肩就会出现高低差，如图 5.11 所示。

图 5.10　坐姿监测

图 5.11　侧身坐的左右肩高低差

我们可以通过获取左右肩的坐标，并计算其高度差，作为坐姿是否端正的判断依据，如图 5.12 所示。由于只判断是否端正，而不区分具体偏向哪一边，因此可以用绝对值来处理：只要高度差大于 10，就发出提示。

接下来，就可以增添提示效果了。如果姿势不端正，格瑞比就会眼睛发红光，并持续发出响声，直到姿势端正。完整程序如图 5.13 所示。

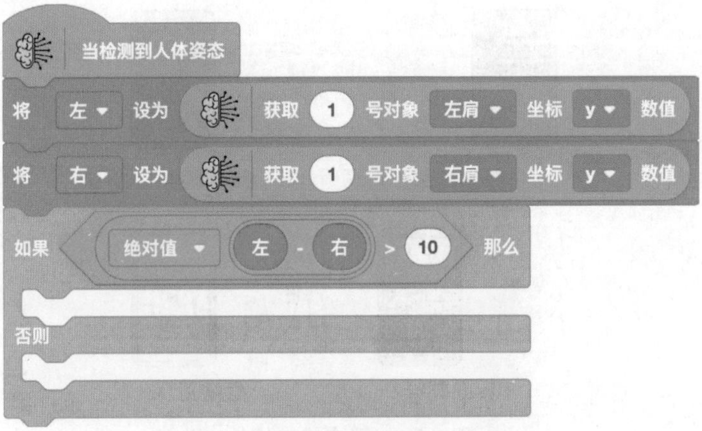

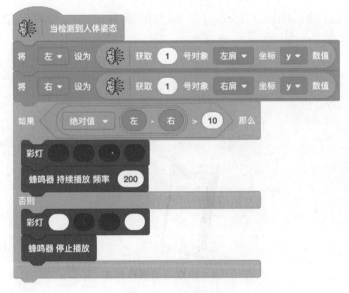

图 5.12 左右肩高度差计算

图 5.13 姿势提醒

5.2 绝活大公开：玩转手势识别

手势识别是通过理解和识别人体的手势动作的技术，常见于人机交互、虚拟现实、智能家居等应用。其原理与姿态检测相似，但其应用更加贴近我们的日常生活。手势检测在许多领域都得到了广泛应用，包括但不限于以下几个方面。

（1）隔空手势操作：如图 5.14 所示，利用景深传感器和前置摄像头，用户可以在屏幕正前方通过特定的手势动作来实现一些操作，如滑动浏览、拒接电话、音量调节、截图等。

滑动浏览　　　　拒接电话

界面截屏　　　　音量调节

图 5.14　隔空手势操作

　　具体来说，手机通过摄像头捕捉用户的手势动作画面，而景深传感器则提供更多立体层面的信息，如图 5.15 所示。两者的结合使手势动作的识别和解析更加准确，提高了操作的灵敏度和可靠性。

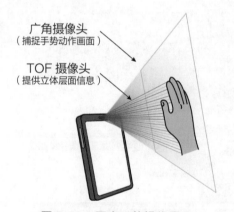

广角摄像头
（捕捉手势动作画面）

TOF 摄像头
（提供立体层面信息）

图 5.15　隔空手势操作原理

　　（2）虚拟现实中的手势交互：通过识别用户的手势动作，实现虚拟物体的操控、虚拟场景的导航等功能（图 5.16），可以提升虚拟现实的沉浸感和交互性。

图 5.16　虚拟现实中的手势操作

魅力演绎！看我的手势

基于手势识别技术，我们可以实现许多有趣的应用。在学习复杂手势判断之前，先上一个简单的手势识别案例来热身：当我们在摄像头前用手指指示方向时，格瑞比可以通过判断手指的相对位置来理解我们的手势，并根据指向控制其左右眼的眨眼效果，如图 5.17 所示。

图 5.17　格瑞比眨眼

手势检测的用法与姿态检测基本相似。首先要进行初始化，并将手势的关键节点显示在舞台上。随后，在循环过程中不断进行手势检测，一旦检测到有效手势，格瑞比的双眼会睁大并发白光，表明正在等待指令。程序如图 5.18 所示。

图 5.18　手势检测程序

接下来，我们在舞台前比画手势，以测试手势检测效果。在这个过程中，我们分别用左右手来完成方向指示（图 5.19）。由于格瑞比是面向我们放置的，当我用右手指向我的左侧时，格瑞比应该眨右眼。这时，食指的 x 坐标小于拇指的 x 坐标。

图 5.19　手势测试

　　根据测试结果，我们进一步完善程序。为了避免眨眼频率过快，加入 0.2 秒的延时。完整程序如图 5.20 所示。

图 5.20　格瑞比眨眼程序

🦉　**决战石头剪刀布！我的朋友！**

　　通过上一个程序，我们理解了手势识别的关键：通过比对各个节点的相对位置来判断手势。接下来，我们进一步研究手指指尖与掌心之间的位置关系，以实现更复杂的手势识别，如判断"石头—剪刀—布"（图 5.21）。

图 5.21 人机"石头—剪刀—布"

为了让格瑞比能够通过手势检测来区分"石头""剪刀"和"布"三种手势，我们可以采取一种简单方法——判断指尖到掌心的距离，如图 5.22 所示。

· 三个手势中，只有"布"的小拇指是张开的，因此先判断小拇指至掌心的距离，如果超出阈值，那就认定为"布"手势；

· 剩下的就是"剪刀"和"石头"了。不过，只有"剪刀"保留了两根手指张开的状态，因此需要判断中指指尖的位置。如果中指指尖到掌心的距离大于阈值，则认定为"剪刀"；否则，认定为"石头"。

石头

剪刀

布

图 5.22 三种手势的节点分布

要注意的是，这种基于距离的判断方法太简单了，而手部在视频中的大小和角度会影响各节点的差值，因此实验时须确保手至摄像头的距离大致一致，且手的位置尽量摆正。实际测试中发现，当指尖 y 坐标减去掌心 y 坐标的值大于 80 时，可认为手指是张开的。因此，我们将 80 作为判断阈值（图 5.23）。

接下来，我们新建两个变量，分别为"玩家"和"格瑞比"。这两个变量的作用是记录双方的手势：3 代表"布"，2 代表"剪刀"，1 代表"石头"，如图 5.24 所示。格瑞比的手势则可以通过生成随机数来获取。

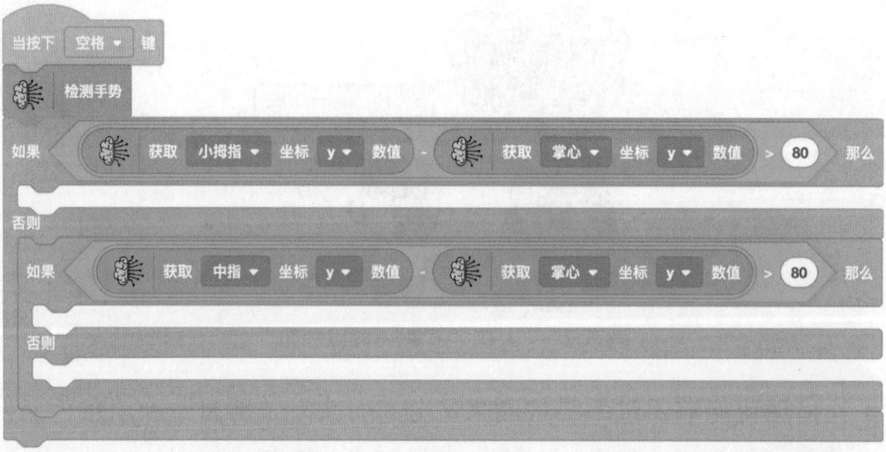

图 5.23　"石头—剪刀—布"识别算法

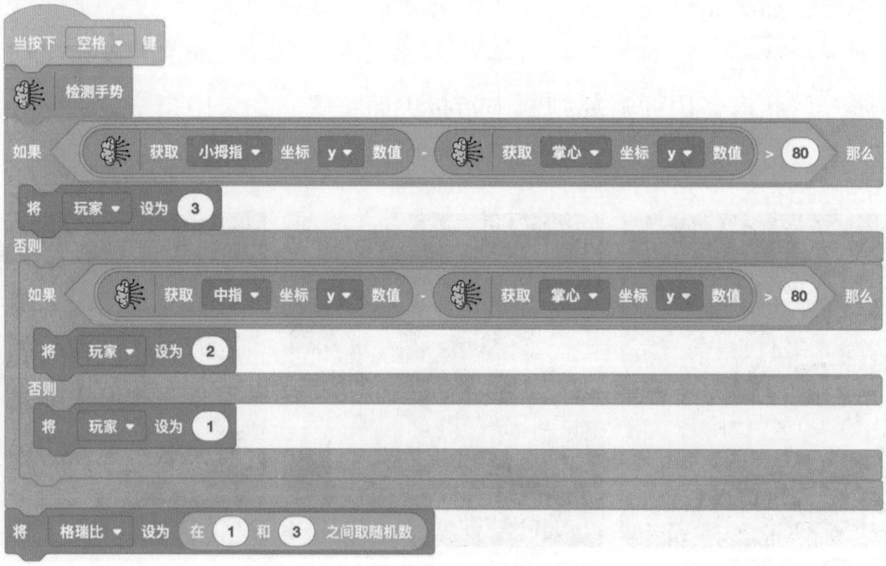

图 5.24　变量记录双方的手势

　　剩下的步骤就是判断胜负，完整的"石头—剪刀—布"程序如图 5.25 所示。当玩家与格瑞比的数值相同时，结果为平局；否则，可以用玩家的数值减去格瑞比的数值，从而判断胜负。可以发现，结果为 –1 或 2 时，玩家胜；其余结果均是格瑞比胜。

　　平局时，格瑞比的眼睛发白光；如果格瑞比输掉比赛，则其双眼无光，显示为黑色；而当格瑞比获胜时，它的眼睛会发红光，以表现出兴奋的情绪。

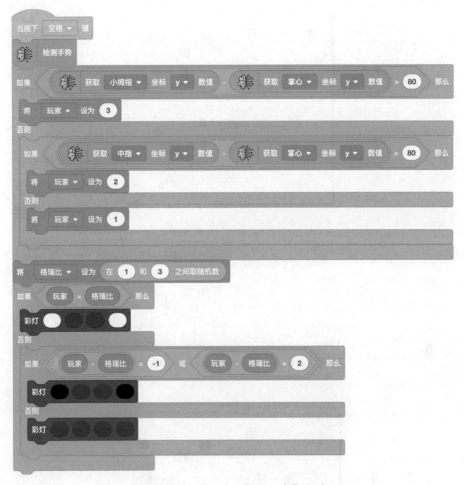

图 5.25 "石头—剪刀—布"程序

5.3 瞳术秘技：KNN 图像分类

K 近邻（k-nearest neighbors，KNN）是一种常用且易于理解和实现的图像分类算法。KNN 分类的要点如下。

（1）需要一个标记过的图像训练集，每个图像都被分配到一个特定的类别。

（2）需要识别一个未标记的样本时，算法会计算其与训练集中每个图像的距离（图 5.26）。这里的距离可理解为特征（如像素值、颜色分布、纹理等）的差异大小。

（3）算法会在训练集中找到与被识别样本最相邻的 k 个已标记的图像。如果这 k 个已标记的图像大多属于某一个类别，则被识别的未标记样本也属于这个类别。

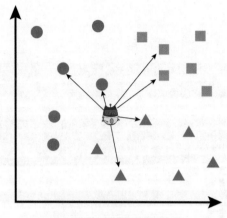

图 5.26　KNN 计算距离

如图 5.27 所示，中心的"小喵"是未标记的样本。此时，我们要判断它属于红色还是蓝色。

- 如果选择 $k=3$，那么在其邻近区域中，蓝色样本较多，因此我们将"小喵"视为蓝色。
- 如果选择 $k=6$，那么在其邻近区域中，红色样本较多，因此我们将"小喵"视为红色。

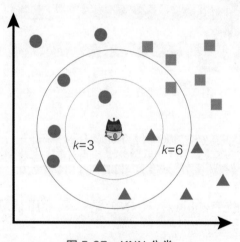

图 5.27　KNN 分类

KNN 算法的基本思想可以用"物以类聚"来理解。想象一下，你正在参加一个由熟人组成的活动，而活动参与者来自五湖四海。此时，一位新人加入，你找出了 k 个与他相似的人。如果观察到这几位参与者大多数来自广东，那么你可以合理地推测：这位新人也来自广东。

🐱 超级变变变！超能变色龙来袭

在前面的部分，我们熟悉了图像识别应用。这类应用虽然趣味横生，但识别能力仍受限于已训练模型，识别范围较窄。如果希望格瑞比按照我们的特定需求进行自定义识别，则需要对模型进行单独训练。是时候引入机器学习了。

机器学习可以形象地理解为机器通过观察数据来寻找规律，如图 5.28 所示。举个例子，有一位懵懵懂懂的小朋友，向他展示多种正方形图案，并告知他这些是正方形；接着，提供多个圆形和三角形图案，并告诉他这些形状的名称。经过多次观察后，即便只提供图案，小朋友也能够正确辨认出它们的形状。

图 5.28　机器人找规律

在这一过程中，我们并没有告知小朋友各形状的定义和区别，而是让他通过观察在脑海中逐渐形成对这三种图案的理解。因此，即使不清楚相关概念，他依然能够区分这些形状。同样地，在机器学习中，我们通过提供图像及其对应的标签进行训练，也能让机器识别特定图像（图 5.29）。

图 5.29　机器人根据规律推测

接下来，以变色龙的案例逐步深入学习机器学习的应用。在编写程序之前，先准备角色素材。可以通过手绘、拍照、舞台绘制或在线搜索等方式获取角色相关素材，如图 5.30 所示。

首先，新建一个角色，并依据之前的方法上传准备好的图像。上传完成后，角色将出现在舞台上。接着，进入角色的造型面板，上传其余的造型。

白色.png　　红色.png　　黄色.png　　蓝色.png　　绿色.png

图 5.30　变色龙图片

上传完成后，返回代码区域开始编程，如图 5.31 所示。程序启动后，将变色龙的初始造型设置为白色，并开启摄像头。本案例的主要目标是颜色学习，无关摄像头开启方式。然后，初始化图像特征提取器，这是一个必不可少的步骤。

特别要注意的是，一些显卡配置较低或老旧的计算机，可能无法直接完成特征提取器的初始化。这是因为初始化特征提取器的本质是将模型加载到显卡上进行运算，而低配置或老旧计算机可能不支持此项操作。

为了解决这一问题，Kittenblock 提供了"设置 CPU（兼容）模式"积木（图 5.32）。单击该积木后，模型将转入 CPU 进行计算，确保低配置或老旧计算机同样能够使用特征提取器。

图 5.31　初始化图像特征提取器　　　图 5.32　CPU 兼容模式

接下来，开始物体的标签录入。如图 5.33 所示组合出程序，提取图像特征并为其分配类别（即积木中的分类标签）。

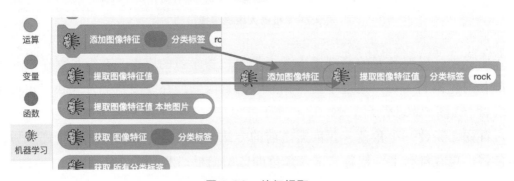

图 5.33　特征提取

录入时，请确保物体充满整个舞台区域，以便更清晰地捕捉细节。此外，为了增强模型的适应性，建议为每个标签录入多张图像，每个类别至少录入 10 张，并略微改变角度，以避免在后续识别中因角度变化导致识别失败。

在本案例中，主要识别的属性是颜色，因此可以提前准备一些与变色龙颜色相近的色块并打印出来。请注意，即便是进行颜色识别，也需要录入多张图片，因为不同光线条件下展现的颜色可能会有所不同。

随后，我们对 4 种颜色进行特征提取。将色块放置在镜头前，并单击对应的程序。每次提取完成后，格瑞比都发出声音，表示单次特征提取完成。至此，机器人便拥有了关于颜色的训练集，即图像训练模型（图 5.34）。

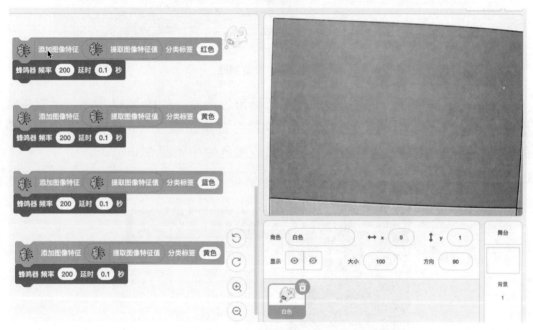

图 5.34　形成图像训练模型

如果在录入过程中遇到错误，可以使用图 5.35 所示的两种积木进行纠正。"清空分类标签"用以删除特定标签的所有图像，"清空图像分类"用于删除所有录入图像。

图 5.35　删除已标记的图像

　　完成所有标签的录入后，可以进行模型测试，如图 5.36 所示。将希望识别的颜色放置在摄像头前，然后单击"获取图像特征分类标签"和"提取图像特征值"积木组合，观察返回的结果是否符合预期。

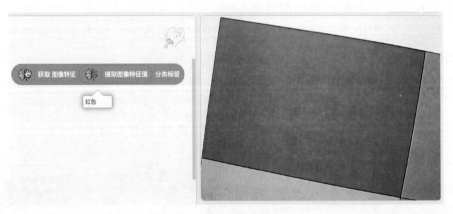

图 5.36　模型测试

　　之后，编写程序，根据返回的结果调整角色造型，如图 5.37 所示。运行最终程序，每次按下空格键，计算机都将识别舞台背景的颜色，并使变色龙变为对应的颜色。同时，格瑞比的眼睛也会发出对应颜色的光（图 5.38）。

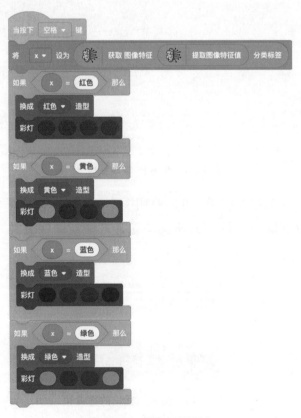

图 5.37　颜色识别程序

图 5.38 颜色识别程序效果

基于 KNN 图像分类，我们还可以采用另一种方式来实现"石头—剪刀—布"，即让机器人直接识别"石头""剪刀""布"三种手势，如图 5.39 所示。

图 5.39 机器学习识别手势

在此补充几点说明，如图 5.40 所示。

· 识别的样本应尽量占满画面，否则机器不知道要识别的物体是什么。

· 样本的背景应保持干净，以避免其他元素干扰识别。

· 录入样本的背景应尽量与最终识别的样本保持一致，这有助于提高识别的准确率。

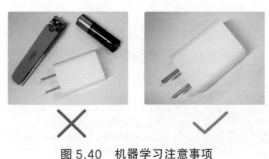

图 5.40 机器学习注意事项

　　为了避免每次打开程序时都需要重新进行录入（训练结果默认保存在显卡内存中，而非 SB3 文件中），可以使用特定积木进行模型保存并自定义命名为×××.json，如图 5.41。点击该积木后，模型将保存在指定的下载路径。

图 5.41　模型保存积木

　　待下一次打开程序时，点击"加载图像分类模型"，选择之前保存的模型文件即可，如图 5.42 ~ 图 5.43 所示。

图 5.42　模型加载积木

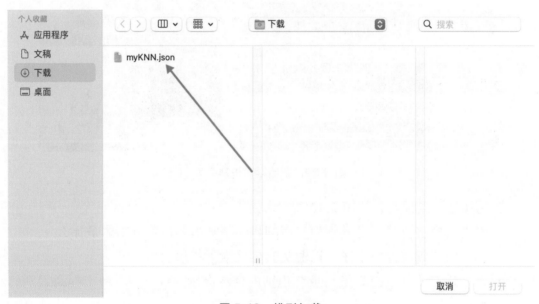

图 5.43　模型加载

　　最后，依次点击"初始化图像特征提取器"和"加载图像分类模型"（图 5.44），即可跳过录入步骤，直接使用上次保存的模型。

图 5.44　模型加载程序

🦉 火眼金睛！决战拷贝忍者

通过前面的案例，我们了解到机器人能够通过找规律来识别图像。然而，在这些案例中，颜色和手势这类特征，对人类来说相对容易区分。那么，机器人的识别能力究竟有多强？是否能够达到人类的细致程度？

为此，我们通过一个新的案例来测试机器人的识别精度。传说中有一种忍者，掌握了一项被称为"拷贝"的忍术，只需瞥一眼对方，便可以化身为对方的形态。然而，人眼捕捉画面的能力有限，某些微小细节可能会被遗失，从而需要大脑进行想象补充。换句话说，虽然忍者能够变成对方的样子，但仍然会存在细微的破绽。

如图 5.45 所示是"喵星忍者"，而图 5.46 所示为"拷贝忍者"。乍一看，两者几乎一模一样，但实际上它们之间存在三处微小的不同。那么，掌握了机器学习的格瑞比，能否成功辨别两者呢？试试看吧！

图 5.45 喵星忍者

图 5.46 拷贝忍者

程序如图 5.47 所示。原理和流程非常简单，与之前的变色龙程序相似。先录入两个角色的样本。这次的目的是评估机器人的识别能力，可以适当减少样本录入，如每个角色只录入一张，然后开始识别，观察识别效果。之后，可以逐渐增加样本录入数，再观察识别效果。

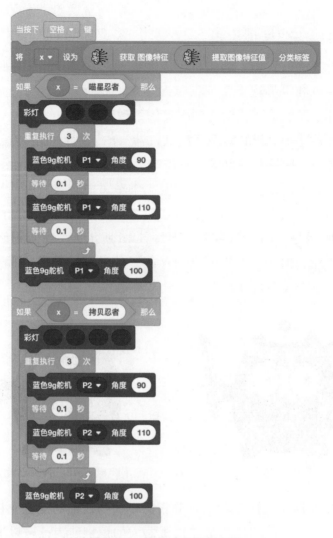

图 5.47　拷贝忍者识别程序

5.4　超能先知：人工神经网络

　　人工神经网络（neural network，NN）的基本组成单位是人工神经元，它们按照一定的层次结构连接在一起，模仿生物神经网络的结构及外部刺激响应机制。如图 5.48 所示，一个典型的神经网络包括输入层、隐藏层和输出层：当输入数据进入神经网络时，它会经过输入层，然后传递给隐藏层的神经元。隐藏层的神经元会对输入数据进行处理，并将结果传递给下一层。最后，输出层的神经元会根据前面层的输出，生成最终的输出结果。

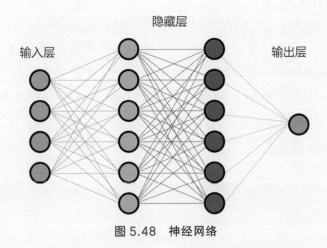

图 5.48 神经网络

在该结构中，每个神经元都与前一层和后续层的神经元相互连接，人工神经网络主要基于神经元之间的连接权重和激活函数来工作。在训练过程中，网络会不断调整这些连接权重，以便更好地拟合输入和输出之间的关系。激活函数则用于决定神经元是否应该被激活，以及激活的程度。

人脑的神经网络由大量的神经元组成，这些神经元是基本的信号处理单元，负责信号的传递。每个神经元主要由细胞体和突起两部分构成，其中突起可进一步分为树突和轴突。树突是神经元细胞体向外延伸的树枝状突出部分，主要功能是接收来自其他神经元的信号。细胞体则通过电化学变化，对突触接收到的信号进行整合。而轴突是神经元细胞体发出的长突出物，负责将信号传递给其他神经元或效应器细胞。

通过突触与树突的相互连接，神经元可形成复杂的神经网络，如图 5.49所示。传递路径：前一神经元的突触→树突→细胞体→轴突→突触。

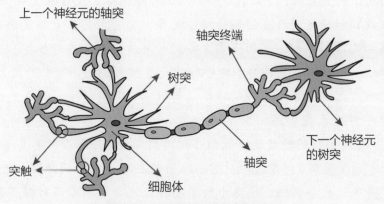

图 5.49 生物神经网络与神经元

人工神经元模拟了人脑神经元的结构，如图 5.50 所示。

- 输入：人工神经元接收来自其他神经元或外部环境的输入信号。
- 权重：每个输入都与特定的权重相乘，用于调整输入信号的重要性。
- 求和：将上述乘积相加得到加权和，表示输入信号对神经元输出的总体贡献。
- 激活：激活函数处理神经元的总输入，通常是非线性函数，并生成输出。
- 输出：激活后的结果即输出信号，随后被传递给其他神经元或外部环境。

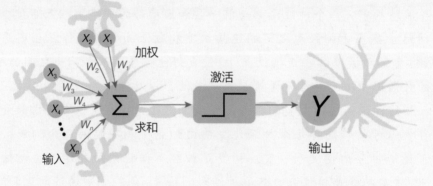

图 5.50　人工神经元

要注意的是，并不是每一批信号都会引起神经元的反应。当输入的电信号强度不够时，神经元就不会产生任何反应。只有电信号大于某个值时，神经元才会有反应，并把它产生的电信号传递给其他神经元。

以猫狗识别为实例，我们了解一下人工神经网络的原理和流程，如图 5.51 所示。假设猫和狗之间存在明显的特征差异：猫通常具备毛茸茸的身体、尖尖的耳朵和灵活的身形，而狗通常具备大耳朵、短毛和多种体型。当一个神经网络开始训练以识别猫狗时，它会接收大量猫和狗的图片作为输入数据。

某些神经元对图片中的特定特征极为敏感，如对边缘、颜色或纹理特别敏感。这些神经元在训练初期学习如何从输入数据中提取底层特征。随着训练的深入，网络中的神经元开始组合这些底层特征，形成对更复杂特征（如耳朵形状、毛发类型）的敏感性。这些组合特征对于猫和狗的区分至关重要。

经过多次迭代和训练，网络中的某些神经元会逐渐形成对猫或狗特定特征的强烈敏感性。这些对猫狗特征敏感的神经元可以被称作"猫细胞"和"狗细胞"，它们会在接收到与猫或狗相关的输入时被激活，产生相应的输出。

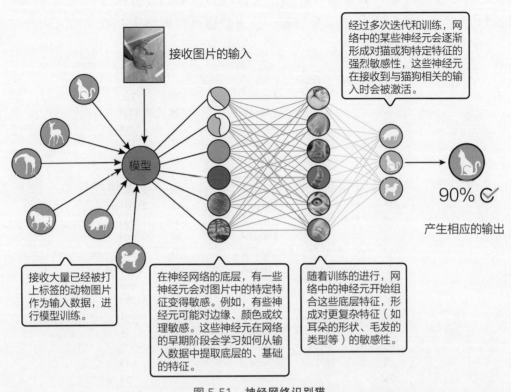

接收图片的输入

经过多次迭代和训练，网络中的某些神经元会逐渐形成对猫或狗特定特征的强烈敏感性，这些神经元在接收到与猫狗相关的输入时会被激活。

模型

90% ✓

产生相应的输出

接收大量已经被打上标签的动物图片作为输入数据，进行模型训练。

在神经网络的底层，有一些神经元会对图片中的特定特征变得敏感。例如，有些神经元可能对边缘、颜色或纹理敏感。这些神经元在网络的早期阶段会学习如何从输入数据中提取底层的、基础的特征。

随着训练的进行，网络中的神经元开始组合这些底层特征，形成对更复杂特征（如耳朵的形状、毛发的类型等）的敏感性。

图 5.51　神经网络识别猫

　　神经网络应用广泛，涵盖图像分类与物体识别、自然语言处理、预测分析等领域。例如，在图像分类中，神经网络可以学习从图像中提取特征，并根据这些特征将图像分配到不同的类别。在自然语言处理任务中，神经网络可以用于文本分类、机器翻译等，通过学习语言的规律和模式，实现对文本的智能理解与分析。

🦉 穿越百年时空的预言者

　　在历史的长河中，泰坦尼克号的故事因其悲惨的结局而铭刻于史册（图 5.52）。如今，借助现代数据科学的力量，我们有机会重新审视这一历史事件，并尝试从中挖掘出更深层的信息。本案例将通过构建一个神经网络模型，利用泰坦尼克号乘客的数据来预测他们的生存情况。这不仅是对历史数据的一次有趣探索，也是借助机器学习技术解决实际问题的一次生动实践。

图 5.52　泰坦尼克号沉船

我们的模型将基于大量乘客信息，包括性别、年龄等特征进行训练和预测。图 5.53 展示了泰坦尼克号的部分数据，公开数据可在网络上获取。

	A	B	C	D	E
1	Survived	Pclass	Sex	Age	Fare
2	0	3	male	22	7.25
3	1	1	female	38	71.2833
4	1	3	female	26	7.925
5	1	1	female	35	53.1
6	0	3	male	35	8.05
7	0	3	male		8.4583
8	0	1	male	54	51.8625
9	0	3	male	2	21.075
10	1	3	female	27	11.1333
11	1	2	female	14	30.0708
12	1	3	female	4	16.7
13	1	1	female	58	26.55
14	0	3	male	20	8.05
15	0	3	male	39	31.275
16	0	3	female	14	7.8542
17	1	2	female	55	16
18	0	3	male	2	29.125
19	1	2	male		13
20	0	3	female	31	18
21	1	3	female		7.225
22	0	2	male	35	26
23	1	2	male	34	13

图 5.53　泰坦尼克号的部分数据

为了方便演示，这里挑选了一部分具有代表性的数据，并特意隐藏了其他部分。表格共有 5 列，第 1 列为生存状况，0 代表死亡，1 代表生存；第 2 ~ 5 列分别为船舱等级、性别、年龄和票价。

有了这份数据，我们可以利用"机器学习"插件，训练一个神经网络模型。模型训练完成后，输入不同的特征因素，模型就能够告诉我们乘客是否存活。假若我们带着这个模型穿越到过去，无疑会像预言家一样产生重大影响。

训练模型之前，需要对神经网络进行初始化。模型类型通过下拉菜单选择，包括回归与分类两种，如图 5.54 所示。

· 分类：根据给定的输入数据，将其分为不同的类别或标签。

· 回归：根据给定的输入数据，预测一个连续的数值输出。

显然，预测生存情况属于分类问题。我们单击"初始化神经网络任务"积木，以完成模型的初始化。

图 5.54 初始化神经网络

接下来就是将我们找到的数据投喂给模型，方法非常简单。在"机器学习"积木库中找到"添加本地 CSV 数据"积木，单击第一个选项并选择存储在计算机中的数据文件，再单击"打开"以完成数据的添加（图 5.55）。

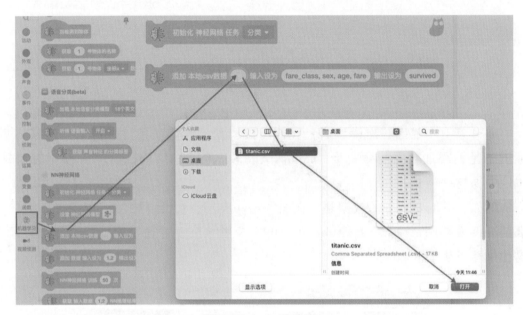

图 5.55 csv 数据导入

请注意，此处仅支持导入 CSV 格式的数据。若数据不是此格式，可以在表格软件中打开并"另存为"CSV 格式。

数据导入后，第一个选项处会显示文件名，如图 5.56 所示。积木中的输出需要与表头保持一致，项之间应以半角逗号隔开，输出同样需要与表头一致。完成后单击积木，完成输入与输出的选择。

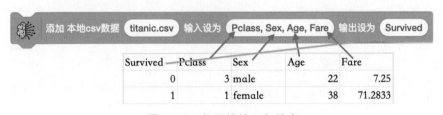

Survived	Pclass	Sex	Age	Fare
0	3	male	22	7.25
1	1	female	38	71.2833

图 5.56 数据的输入与输出

上传数据并设置好输入和输出后，即可进行模型训练。传入的数据越简单，训练速度越快。这里按默认设置训练 50 次即可。单击训练的积木，右侧将弹出数据可视化工具，如图 5.57 所示。这时显示的是我们的训练数据，损失值越接近 0，表明分类的准确率越高。

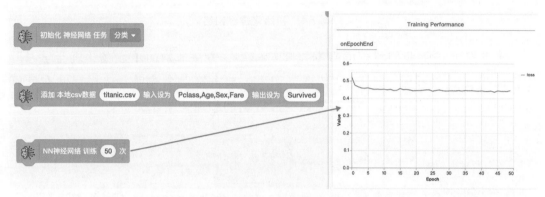

图 5.57　训练模型

通过以上步骤训练出模型后，我们可以根据一些特征条件进行生存预测。要强调的是，添加数据的格式为"Pclass,Age,Sex,Fare"。因此，输入预测数据时也应遵循这一格式。

例如，我们要预测的数据是"在船的第一夹层；女性；32 岁；船票 100 元"，那就要调整顺序，输入"1,32,female,100"（图 5.58）。通过模型预测的结果是，这位乘客可生还。

图 5.58　生存预测